前沿科学
在身边

纳米机器人当医生

小多（北京）文化传媒有限公司 / 编著

天地出版社 | TIANDI PRESS

图书在版编目（CIP）数据

纳米机器人当医生 / 小多(北京)文化传媒有限公司
编著. 一 成都：天地出版社，2024.3
（前沿科学在身边）
ISBN 978-7-5455-7980-2

Ⅰ．①纳… Ⅱ．①小… Ⅲ．①纳米材料－机器人－儿
童读物 Ⅳ．①TP242-49

中国国家版本馆CIP数据核字(2023)第198261号

NAMI JIQIREN DANG YISHENG

纳米机器人当医生

出 品 人	杨　政		责任校对	卢　霞
总 策 划	陈　德		装帧设计	霍笛文
作　　者	小多（北京）文化传媒有限公司		排版制作	北京唯佳创业文化发展有限公司
策划编辑	王　倩		营销编辑	魏　武
责任编辑	王　倩　刘桐卓		责任印制	刘　元　葛红梅
特约编辑	韦　恩　阮　健　吕亚洲　刘　路			

出版发行　天地出版社
　　　　　（成都市锦江区三色路238号　邮政编码：610023）
　　　　　（北京市方庄芳群园3区3号　邮政编码：100078）
网　　址　http://www.tiandiph.com
电子邮箱　tianditg@163.com
经　　销　新华文轩出版传媒股份有限公司

印　　刷	北京博海升彩色印刷有限公司		印　张	7
版　　次	2024年3月第1版		字　数	100千
印　　次	2024年3月第1次印刷		定　价	30.00元
开　　本	889mm×1194mm　1/16		书　号	ISBN 978-7-5455-7980-2

James Watson

Maurice Wilkins

FRANCIS CRICK

Rosalind Franklin

《前沿科学在身边》

生逢其时

科学史理论家、清华大学教授　刘兵

　　面对当下社会上对面向青少年的科普需求的迅速增大，《前沿科学在身边》这套书的出版可谓生逢其时。

　　随着新科技成为全社会关注的热点，也相应地呈现出了前沿科普类的各种图书的出版热潮。在各类科普图书百花齐放，但又质量良莠不齐的情况下，高水平的科普图书品种依然有限。而在留给读者的选择空间不断增大的情况下，也同时加大了读者选择的困难。

　　正是在这样的背景下，我愿意向青少年读者推荐这套《前沿科学在身边》丛书。简要地讲，我觉得这套图书有如下一些优点：它非常有策划性，在选择的话题和讲述的内容的结构上也非常合理；也涉及科学的发展热点，又不忽视与人们的日常生活密切相关的内容；既介绍最新的科学前沿探索，也不忽视基础性的科学知识；既带有明显的人文关怀来讲历史，也以通俗易懂且有趣的语言介绍各主题背后科学道理；既有以故事的方式的生动讲述，又配有大量精美且具有视觉冲击力的相关图片；既有对科学发展给人类社会生活带来的巨大改变的渴望，又有对科学技术进步带来的问题的回顾与反思。

在前面所说的这些表面上似乎有矛盾，但实际上又彼此相通的对立方面的列举，恰恰成为这套图书有别于其他一些较普通的科普图书的突出亮点。另外，从作者队伍来看，丛书有一大批国内外在青少年科学普及和文化教育普及领域的专业工作者。以往，人们过于强调科普著作应由科学大家来撰写，但这也是有利有弊：一是科学大家毕竟人数不多，能将精力分于科普创作者就更少了；二是面向青少年的科普作品本来就应要更多地顾及当代青少年本身心理、审美趣味和阅读习惯。因而，理想的面向青少年的科普作品应是在科学和与科学相关的其他多学科研究的基础上，由专业科普作家进行的二次创作。可以说，这套书也正是以这样的方式编写出来的。

随着人们对科普的认识的不断深化，科普的目标、手段和方法也在不断地变化——与基础教育的有机结合，以及在此基础上的合理拓展，更是越来越被重视。在这套图书中各本图书虽然主题不同，但在结合不同主题的讲述中，在必要的基础知识之外，也潜在地体现出对于读者的科学素养提升的关注，体现出对于超出单一具体学科知识的跨学科理解。书中包括了许多可以让读者自己动手实践的内容，这也是此套图书的优点和特点。

其实，虽然科普理念很重要，但讲再多的科普理念，如果不能将它们化为真正让特定读者喜闻乐见的具体作品，理论就也只是理想而已。不过，我相信这套图书会对于青少年具有相当的吸引力，让他们可以"寓乐于教"地阅读。

是否真的如此？还是先读起来，通过阅读去检验、去体会吧。

目录

不断进化的医学

02/ 从"本草"到"药物靶点" 08/ 开启基因治疗的时代

16/ 完美的心脏修补术 22/ 干细胞的医疗应用

32/ 微创手术将进入 3D 时代 40/ 你也能对疾病做研究

未来医疗的新趋势

46/ 基因疫苗将对抗更多疾病 54/ 癌症可以靠疫苗消灭

60/ 器官再生医学 64/3D 打印器官

68/ 从"CT"到"DNA 折纸术"——身体透视的未来发展

74/ 可以进入身体的纳米机器人外科医生

80/ 纳米技术的医学设想 84/"大数据"下的精准医疗

92/ 健康的全息穿戴 100/ 智能设备入住家庭监测健康

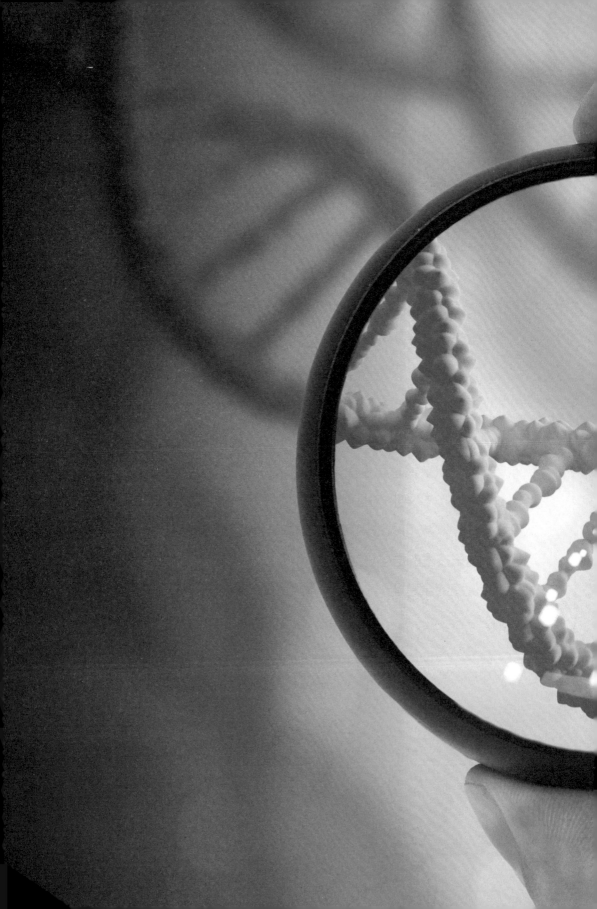

不断进化的医学

从「本草」到「药物靶点」

Q1 古人用什么治疗疾病？

Q2 现代医学从何而来？

Q3 今天的医学怎么消除患者的不适？

始于公元前 1000 多年的中国医学经历了几千年的辉煌，至今仍被用于临床治疗。大约成书于先秦至西汉的《黄帝内经》，已经对疾病的起因和治疗原则等，做了系统的阐述；与其成书时期相近的《神农本草经》记录了 360 多种药物。

古典医学的最大贡献之一正是天然药物的临床试验。

天然药物时期

中药

中医将 1000 多种天然药物分出不同药效，并针对不同的病症，有选择地将多种药物混合在一起煎煮服用

中国传统医学将 1000 多种植物、矿物和动物分门别类，整理出各自的被称为"四气五味"的不同药性和药效，并根据病情的不同有选择地将多种药物混合在一起使用。

西方的草药

相传，1638 年，秘鲁总督的夫人金琼染上了间日疟（传染病，疟疾的一种）。安第斯地区的原住民称使用金鸡纳树皮磨成的粉可以退烧，结果使用后真的有效。后来，这种方法传到了欧洲。当欧洲大陆疟疾肆虐的时候，这种树皮粉成了治疗疟疾的首选药。

17 世纪，人们把金鸡纳树的树皮磨成粉来治疗疟疾

细胞病理学

在古代，人们只能根据经验用药，而由于对疾病的了解不够，药效往往很不稳定，甚至出现副作用，当时的医学迫切需要一些准确且行之有效的治疗方法。

就在这个时候，德国病理学家魏尔肖提出了细胞病理学，将疾病研究深入细胞层面，这意味着医学从经验时代向病理医学时代迈进。

其他文明古国的医学历史

古埃及医学可以追溯到公元前 3000 年记录在莎草纸稿中的医学知识；古印度的医学可以追溯到公元前 1000 年用梵语写成的《揭罗迦本集》；而公元前 1000 年古巴比伦已经有《诊断手册》。

现代医学从何而来？

Q2

病理医学时代

随着发酵工业的发展和显微镜的改进，化学家巴斯德开始研究微生物，细菌学随之建立。巴斯德发现食物的腐败及传染病都是一群微小的东西在捣鬼，这些小东西就是微生物。

炭疽杆菌

致病菌

能够引起疾病的细菌称作致病菌。它们进入人体后，会产生毒素和其他代谢产物，从而使人产生打寒战、发热、关节痛等症状。致病菌一旦通过伤口侵入人体的血液，还会导致全身性的急性感染，严重时可危及生命。

抗生素

巴斯德后来发现，某些普通微生物能抑制尿液中炭疽杆菌的生长，这是人们第一次察觉到抗菌物质的存在，也促成了之后抗生素的发现。抗生素是一类直接对抗病菌的药物，能够治疗由病菌引起的各种感染或感染性疾病。

1928年，英国细菌学家弗莱明从青霉素培养液中提取出青霉素。青霉素对肺炎、败血症、梅毒等均有显著疗效

疫苗

巴斯德还研究了蚕病、鸡霍乱、牛羊炭疽病、狂犬病等，并用减弱微生物毒力的方法研制出了疫苗，从而开创了免疫学的经典时期。

从此，人们开始了解自身的免疫系统，懂得了利用免疫系统抵抗外界病菌感染。疫苗的接种大大降低了人体被感染的风险，肆虐了数百年之久的传染病终于得到有效控制。

巴氏消毒法

为了解决食物腐败的问题，巴斯德发明了巴氏消毒法。这种消毒法可以用较低的温度（60～90℃）杀灭牛奶、啤酒中的微生物，而不会影响食物本身的风味。

找到最直接的"弹药"

然而，科学家并未满足于了解疾病产生的原因和找到遏制传染病的抗生素，他们还向着更加深入的层面迈进。比如，为什么咀嚼柳树叶以后高烧不退的状况就突然好转了呢？这是一个一直困扰科学家的谜题。

从19世纪开始，化学家开始尝试从药草中分离有效的物质，并试图从中找到化学物质与药效发挥之间的直接关系。一系列药用植物的有效成分先后被提取出来，比如水杨酸。它是1000多年来人们不断用实践证明具有疗效的柳树叶中的有效成分。

后来，化学家对水杨酸的结构进行了改进，得到了阿司匹林（乙酰水杨酸），之后人们又从金鸡纳树的树皮中提取出奎宁。

药物分子（图中"1"）被细胞表面某些特异性的"靶点"（图中"2"）识别后，会激活"靶点"的信号通路，并将信号传递到细胞内的其他分子（图中"3"），引起细胞内生理过程的改变

传统药理学

科学家还研究了化学物质在治疗疾病时导致机体发生变化的机制，比如它们具体作用在哪个分子上，以及它们在人体内发生了怎样的变化，包括在体内的吸收、分布和代谢，特别是血药浓度随时间变化的规律，这就是从经验用药发展起来的传统药理学。但这种方法只是在相对小的范围内用动物和临床试验来测试药物的效果，效率并不高。

现代药理学

现代药理学从分子机理入手，探索并筛选潜在的药物。人们基于分子生物学的知识，找到那些被称为"靶点"的分子。它们或与疾病的产生直接相关，或在生理过程中起着主导作用。通过实验可以从大量的合成化合物中找到作用在"靶点"上的某些潜在药物，而后来对动物的研究和临床试验的结果直接决定了这些潜在药物能否成为真正有效的药物。

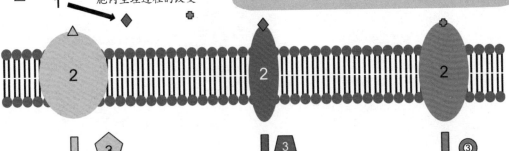

今天的医学怎么消除患者的不适？

Q3

外科手术发展到今天，已经不再是伤口包扎或者切除坏死部位那么简单。在解剖学的基础上，如今的外科手术已经可以精细到每一个器官，甚至可以通过内窥镜定位到器官内的每一条毛细血管！大到器官移植，小到微创手术，越来越多的患者选择通过外科手术来消除身体的不适。

直入人体内部

外科手术

基于对人体结构的认识，医学开始延伸出一条分支——外科学。

19世纪以前，外科非常落后，疼痛、感染、出血等问题都无法解决，这大大限制了外科手术的应用。

随着解剖学的发展，尤其是麻醉法的发明，外科手术得以在无痛状态下进行。而局部麻醉的出现，更使外科的发展向前迈进了一大步。无菌器械和无菌操作技术的问世，大大降低了手术感染的风险，从而提高了外科手术的成功率。

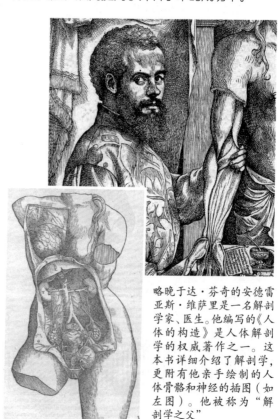

略晚于达·芬奇的安德雷亚斯·维萨里是一名解剖学家、医生。他编写的《人体的构造》是人体解剖学的权威著作之一。这本书详细介绍了解剖学，更附有他亲手绘制的人体骨骼和神经的插图（如左图）。他被称为"解剖学之父"

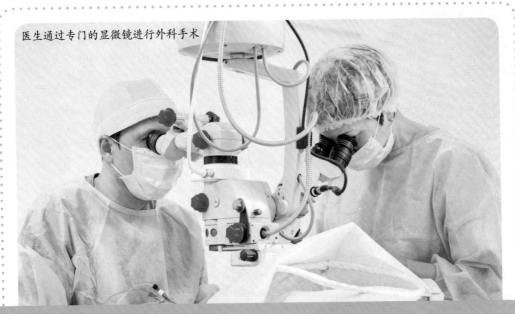

医生通过专门的显微镜进行外科手术

医学技术

　　医学影像技术可以直接窥视人体内部，在症状出现之前就能描绘出身体的健康状况，预测可能产生的疾病，比如计算机断层扫描（CT）、磁共振成像（MRI）以及彩色多普勒血流诊断（CDFI）等技术，能够为临床诊断提供定性甚至定量的依据。

　　同时，诊断方法也在不断进步，如放射免疫测定法可以测定微米级的化学成分；通过羊水检测，医生可以在孕妇产前检查中了解胎儿的健康状况，比如是否患有某种遗传疾病等。

　　有科学家认为，医学经历了三个阶段。第一阶段从尝试各种草药到研制出阿司匹林之类的化学药物，持续了上万年。第二阶段从细菌理论的出现开始，到解剖学、病理学、细胞学、病毒学、免疫学的诞生，一直到麻醉、手术与器官移植的出现。而当医学研究进入原子、分子、基因这些层级时，医学就进入了第三阶段。

人体解剖先驱——达·芬奇

　　身兼艺术家、发明家、科学家多重身份的跨学科奇才达·芬奇是人体解剖的先驱。为了追求艺术创作的准确、精美，他觉得有必要了解人体的骨骼和肌肉。通过解剖30多具尸体，达·芬奇掌握了人体解剖的知识，并发现了血液的新陈代谢功能。通过对心脏的研究，他画出了心脏的腔室和瓣膜结构。

开启基因治疗的时代

Q4 什么能对抗衰老？

Q3 治疗基因突变的方法是什么？

Q2 基因是如何让人患病的呢？

Q1 什么是『人类基因』？

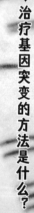
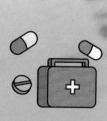

自 20 世纪 50 年代分子生物学诞生以来，科学家致力于生物大分子（如蛋白质、核酸）的研究，开始探索生命活动的普遍规律。在此基础上，科学家也渐渐在分子层面窥视疾病的真容。

什么是"人类基因"？

Q1

基因

基因治疗的概念图。治疗基因被包裹在一粒胶囊中，患者只需服用一粒胶囊就能修复其受损基因

人体细胞中有 23 对共 46 条染色体，一个染色体由一条脱氧核糖核酸链，即 DNA 分子组成。在一条 DNA 分子上，有些片段携带着遗传信息，这些片段就叫作基因。基因不仅可以通过复制把遗传信息传递给下一代，还可以使遗传信息得到表达。不同人种之间，在头发、肤色、眼睛、鼻子等方面存在不同，就是基因差异所致。

基因组

把 DNA 上这些有用的基因片段整理出来，分门别类地放在一起，就形成基因组。基因组是物种遗传信息的总和。如果将人体细胞中 30 亿个碱基的序列全部弄清楚，将里面的有用基因的信息整理出来，科学家们就有了可以进一步探索生命奥秘的"地图"。

基因的测序

斯坦福大学的工程师斯蒂芬·夸克是世界上第八位基因组被完全测序的人，而他的基因组序列说明他有一个先天受损的基因与心脏病有关。

目前，科学家已经证明有 5000 多种已知的疾病与遗传有关，50% 的癌症与基因损伤有关，人类的衰老也与基因有关。

未来的每个人都会拥有一张记录着个人遗传信息的卡片

科学家预测，在未来的几十年内，一个人的所有基因的测序费用将低至 100 美元，就像现在做一个血液检查那样。到那时，每一个人都会有一张卡片，上面刻着自己的基因组信息。通过这张卡片，可以审视每个人的健康状况。

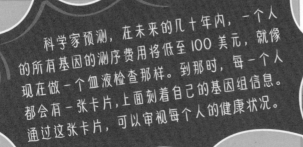

基因是如何让人患病的呢？

Q2

蛋白质异常

一个人会患哪种病，病情有多严重，很大程度上取决于这个人的基因组成。基因如何让人患病？蛋白质异常是许多疾病产生的原因，而蛋白质的合成是由基因决定的。因此，许多疾病产生的根源就是基因的错误。这些错误大多发生在细胞分裂前，在DNA复制的过程中，某些DNA序列发生了变化，也就是基因发生了突变。

染色体 ✕

等位基因中的一个或两个发生突变，都可能导致细胞内无法合成正常水平的蛋白质，蛋白质的缺乏导致疾病。另一种情况是，突变的基因的表达产生了异常的蛋白质，它们由于功能的缺失或异常会干扰细胞的正常工作，就好比将劣质汽油喷入汽车的发动机一样。

基因序列 ✕

2009年，癌症基因组项目首批成果公布，人类终于解译了癌细胞的基因序列，癌症以一种前所未闻的形式被揭露了出来，这改变了我们长久以来看待癌症的方式。原来，令人闻之色变的癌症其实与其他基因疾病一样，只是因为DNA序列发生了变化。

癌症

癌症是一种典型的由基因引起的疾病。不管癌症是由病毒致癌因子、化学致癌因子、物理致癌因子还是偶然因素引起的，它都涉及 4 个或更多的基因突变。比如，很多癌症都与一个叫 p53 的基因有关，p53 的突变导致细胞不断分裂，以致失去控制而引发癌症。然而，这些突变并不是同时发生的，它们的累积和发展需要一定的时间。小时候一次贪玩造成的晒斑，在几十年后可能会发展成皮肤癌。

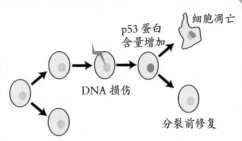

由 p53 基因编码产生的 p53 蛋白在避免癌症发生机制上扮演重要的角色。当 DNA 受损时，p53 蛋白能暂停细胞的分裂，并激活 DNA 修复蛋白，让 DNA 修复蛋白有更充裕的时间修复受损的 DNA。如果 DNA 不能修复，p53 会启动细胞的凋亡程序，避免肿瘤的产生

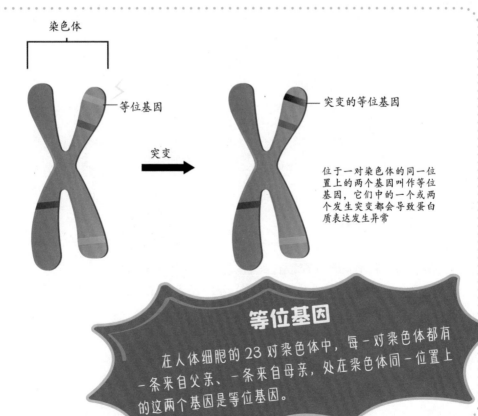

位于一对染色体的同一位置上的两个基因叫作等位基因，它们中的一个或两个发生突变都会导致蛋白质表达发生异常

等位基因

在人体细胞的 23 对染色体中，每一对染色体都有一条来自父亲、一条来自母亲，处在染色体同一位置上的这两个基因是等位基因。

治疗基因突变的方法是什么？

了解病因之后，也许你会认为，治疗这些包括癌症在内的基因疾病应该是件容易的事：医生可以通过序列比对找到这个突变基因，再用正确的序列替换，细胞就又能产生正常的蛋白质并恢复正常的工作了。但事实上并非这么简单。

Q3

修复基因

对付基因疾病，最简单的方法是把正常的基因注入发生突变的细胞，让这个基因产生正常蛋白质。医生要先找到制造麻烦的基因，再锁定发生突变的细胞，然后把正常的基因注入。虽然细胞内的罪魁祸首——突变的基因没有被修复，但细胞已经可以利用这个新基因产生正常的蛋白质了。比如，人体内有一类可以产生细胞的细胞，它们是细胞的源头，叫作干细胞。其中负责产生免疫细胞的被称为造血干细胞。如果一个人出生时，造血干细胞发生基因突变，人体无法产生足够多的免疫细胞，人就会患上重症联合免疫缺陷（SCID）。很多 SCID 患儿在出生头一年便会死亡。治疗这种病的有效办法是骨髓移植，但是很难配型成功。而基因疗法就成为可能的替代治疗方法，它将治疗基因注入造血干细胞中。

注入基因

如何将基因准确地注入细胞呢？这就需要一种载体，一种可以把基因带进细胞而不破坏细胞的物质。于是，科学家想到了病毒。病毒简直就是一种理想的天然载体，因为它可以把自身的遗传信息注入宿主细胞中。

隐患

虽然病毒相当符合载体的要求，可是它本身是致病的。于是，科学家需要先将病毒的致病部分失活，同时确保病毒仍能把 DNA 注入宿主细胞。然后，科学家把治疗基因整合到病毒的基因组，再把病毒注入细胞。如果操作成功，基因就可以开始合成正常的蛋白质了。

风险和意外

　　整个过程看起来很完美，但也有风险和意外。这些致病部分失活的病毒可能会引发人体的免疫反应。免疫系统会识别这些外源物质，随之产生的免疫反应可能会要人命。

　　此外，注入细胞的治疗基因可能在插入基因组前就被降解，或者随着细胞的分裂而含量降低，最终无法达到预期疗效。

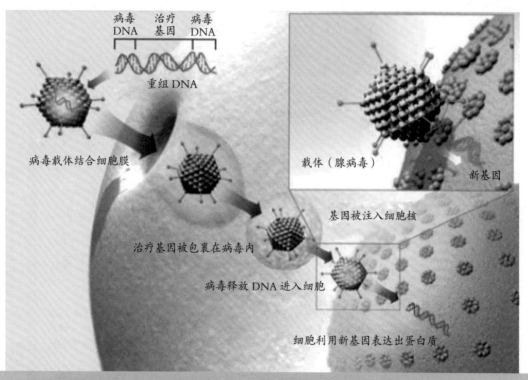

病毒DNA　治疗基因　病毒DNA

重组DNA

病毒载体结合细胞膜

载体（腺病毒）

新基因

治疗基因被包裹在病毒内

基因被注入细胞核

病毒释放DNA进入细胞

细胞利用新基因表达出蛋白质

▲ 基因治疗以腺病毒作为载体，治疗基因被整合到腺病毒的DNA里。腺病毒进入细胞后，治疗基因随着病毒DNA注入细胞核，并表达出相应的蛋白质

治疗基因注入基因组 DNA 时存在的问题

　　在将治疗基因注入基因组 DNA 时，由于整合的过程是随机的，治疗基因可能会错误地插入编码区，破坏另外一个基因的表达。如果这个基因恰好是维持细胞正常活动所必需的，那么，这种基因治疗将是致命的。这种情况确实发生过：治疗基因插入了一个肿瘤抑制基因，破坏了肿瘤抑制因子的表达，结果接受治疗的患者得了癌症。

什么能对抗衰老？

Q4

科学家从基因中发现了衰老的秘密。1991年，美国科罗拉多大学的托马斯·约翰逊提取的衰老-1基因似乎和线虫的衰老有关，这种基因的含量增加10%就可以延长线虫的寿命。发现这一现象的时候，约翰逊异常兴奋："如果我们在人体中也发现了类似的衰老-1基因，我们也许真的能做出一些令人惊讶的事。"

酵母菌 ☒

后来，科学家又在生物体内发现了一系列与衰老相关的基因。这些基因控制和调节低等生物的衰老过程。研究人员发现，改变酵母菌的寿命简直像摁动电灯的开关一样简单！当激活某个基因时，酵母菌就活得更长；不让这个基因活动，酵母菌就活得更短。研究人员利用基因手段培育出的酵母菌、线虫和果蝇都比在自然状态下生长的寿命长，这意味着我们可以人为地延长动物的寿命。但是，要想成功地延长人类的寿命，我们还有很长一段路要走。

秀丽隐杆线虫是一种可以独立生存的线虫，长约1毫米，生活在温度恒定的环境中。自1965年科学家悉尼·布伦纳利用这种线虫研究细胞凋亡遗传调控的机制起，它便成为分子生物学和发育生物学研究领域的一种模式生物

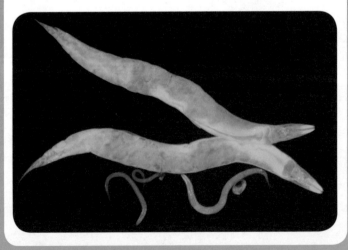

基因疗法

从 20 世纪发现 DNA 的双螺旋结构，到 21 世纪初完成人类基因组计划，基因终于褪去了神秘面纱。诺贝尔奖得主大卫·巴尔的摩说："生物学最终将是一门信息科学。"

基因揭示生命的秘密，也表示人类可以采取行动改变自己。理论上，科学家可以用基因疗法被动地纠正基因不时发生的小错误，也可以主动地改变它们让人类活得更长。而如何合理利用获得的信息、做些什么事情，是基因疗法充满争议的问题。

分子医学

分子医学通过研究细胞周期、细胞之间的通信和信号转导，从分子层面去阐述疾病的病理以及发生机制，延伸出了基因诊断、基因治疗等技术，以及利用基因工程和蛋白质工程进行新药研发的手段。

完美的心脏修补术

Q1 什么时间治疗心脏缺陷最好？

Q2 怎样诊断先天性心脏病？

Q3 她们的手术有什么不同？

什么时间治疗心脏缺陷最好？

Q1

有些婴儿一出生心脏就不完整，麦吉·布朗就是如此。她的心脏有两处先天缺陷，需要动手术才能挽救生命。"从外表看，麦吉完美无缺。可是里面呢……"妈妈苏西·布朗回忆说，"里面的情况糟透了。"妈妈苏西很清楚这种病，因为她小时候有同样的心脏缺陷。

等待小麦吉的将是什么呢？

趁早治疗

医生发现，在麦吉和妈妈的心脏的左心房和左心室之间都有一种缺陷，被称为"二尖瓣瓣叶裂"（MVC）。

有心脏缺陷的婴儿可能会呼吸急促，在吃奶的时候会疲惫，进而可能无法顺利成长。纽约哥伦比亚大学儿童医院的儿科副教授兹维·马兰斯博士说："患者需要在幼年时治疗这些缺陷，以免将来发展成更严重的问题。"

听到这个关于麦吉的坏消息，苏西虽然吃惊，但是没有被吓住。她知道，现在的医疗科技水平已经远远超过她当年动手术时了。

奇妙的旅程

心脏，一块拳头大小、在人的胸腔中跳动的肌肉。有人认为它是人体的中心，因为人体血液流动的力量是它给予的。不管是吃饭、睡觉还是跑步，心脏时刻在履行着至关重要的职责——给全身输送血液。血液流过动脉，将身体必需的氧气、水分和养分送到组织细胞，然后由静脉流回心脏；心脏再把血液输入肺中，获得氧气，排出无用的二氧化碳，干净的血液又回到心脏中。血液自心脏流经全身，再回到心脏，整个旅途不到 1 分钟。按照这个速度，血液每天往返可以超过 1440 次。

怎样诊断先天性心脏病？

Q2

"看"声音来诊断

20世纪70年代，当苏西·布朗的父母发现她的成长不正常的时候，她已经3岁了。医生给苏西检查心脏时听到了杂音，怀疑是先天性心脏病。当时，唯一的确诊方法是心脏导管插入术。医生把一根管子插入苏西腿部通到心脏的血管里，再把染料注射到导管中。X光显示，苏西的心脏有两个缺陷。苏西至今还记得当初腿上伤口缝合时的痛苦。

马兰斯博士说："毋庸置疑，我们现在的诊断能力已提高。"有时候，医生甚至能发现还在母亲子宫中的胎儿的缺陷。麦吉的心脏问题在一出生时就确诊了。

超声心动图

医生检查麦吉的心脏时听到了杂音，于是给麦吉做了超声心动图——一种心脏超声波检查。它可以利用超声波测出心脏的大小和形状，探测出心脏输送血液的能力，还能找到心房、心室及瓣膜上的异常。

进行超声心动图检查时，医生先把一种凝胶涂在患者的胸口上，再用仪器把超声波传送到心脏，就好像潜水艇使用声呐一样，超声波从心脏反射回仪器，计算机再把超声波转化成心脏的动态图像，通过屏幕显示出来。最新的超声波诊断系统还能生成彩色的三维图像，实时显示血液流经心脏和瓣膜的动态过程。"超声心动图是小儿心脏病学的革命。"马兰斯博士说。

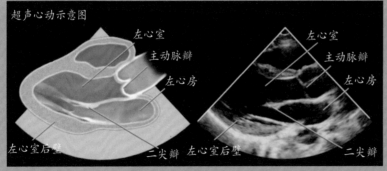

右边的黑白图是超声心动图显示屏的显示，对比左边的心脏内部示意图，你可以清楚地看到活动中的二尖瓣形状

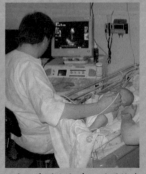

医生正在进行超声心动图检查

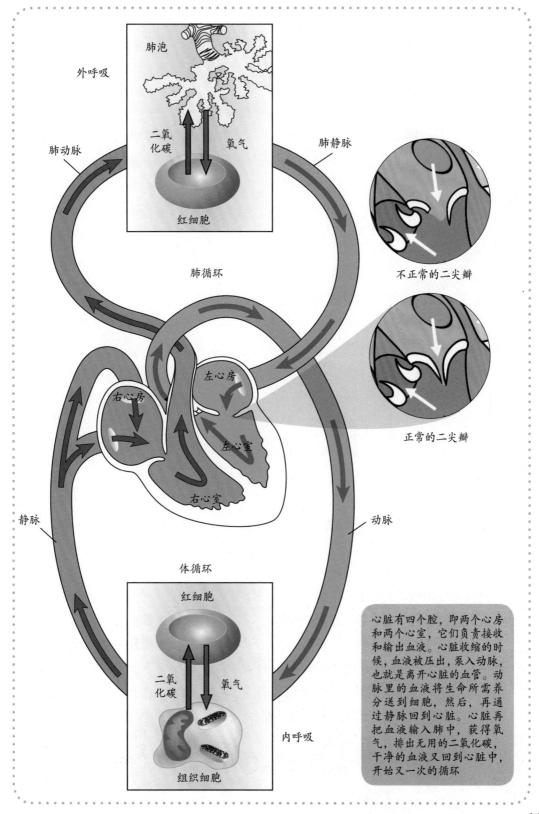

肺泡

外呼吸

二氧化碳   氧气

红细胞

肺动脉

肺静脉

肺循环

不正常的二尖瓣

正常的二尖瓣

左心房

右心房

左心室

右心室

静脉

动脉

体循环

红细胞

二氧化碳   氧气

内呼吸

组织细胞

心脏有四个腔，即两个心房和两个心室，它们负责接收和输出血液。心脏收缩的时候，血液被压出，泵入动脉，也就是离开心脏的血管。动脉里的血液将生命所需养分送到细胞，然后，再通过静脉回到心脏。心脏再把血液输入肺中，获得氧气，排出无用的二氧化碳，干净的血液又回到心脏中，开始又一次的循环

她们的手术有什么不同？

Q3

几乎看不出的疤痕

二尖瓣修复术可以追溯到 1923 年。传统二尖瓣修复术需要预先在胸廓上切一个 15～20 厘米长的开口，将胸骨切开或者将肋骨展开才能进行手术。

如今，越来越多的手术使用微创技术，如美国的克利夫兰诊所，他们的心瓣膜微创修复术已经占到该诊所心脏微创手术的 87%。以下是他们二尖瓣微创修复术的手术方案。

二尖瓣微创修复术是对心脏手术的极大改进。二尖瓣微创修复术可以将切口缩小到 1～2 厘米。只需在胸廓上打开小小的切口，再将手术机械手伸入心脏进行手术。这样，疼痛度轻、失血量少、感染风险低、住院时间短、疤痕面积很小。

麦吉做了和妈妈当年几乎一样的修补手术。这次是由位于休斯敦的得克萨斯儿童医院的医生查尔斯·费拉泽主刀。两次手术的过程极为不同。

妈妈的手术方案

当年妈妈的心脏病确诊后，外公外婆写了很多咨询信，同时沿着美国的东海岸寻找可以帮助他们的外科医生。"一切都是未知数。"布朗说，"当时没有互联网，他们没有办法看到我们现在可以查到的成功病例的记录。"最终他们在美国阿拉巴马大学的伯明翰分校找到了约翰·柯克林博士。他正在试验一种新疗法，即用一小片心包膜来修补膈膜上的洞，然后再缝合和修复瓣膜的渗漏。

麦吉的手术方案

麦吉的手术更安全，而且更常规，全身麻醉也没有从前那么危险。麦吉在手术后 3 天就出院了，她胸前的刀口只有 2.5 厘米长。小的刀口愈合得快，麦吉也没有那么难受。麦吉的疤痕几乎看不出来，相比之下，妈妈的疤痕却有 30 厘米长。

二尖瓣夹子

还有一种二尖瓣疾病是二尖瓣不能合拢，目前治疗这种缺陷最先进的方法之一是"二尖瓣夹子"手术。做这种手术时，医生需要从患者腹股沟处的静脉插入一根导管，伸向心脏。导管前端有一个由特殊材料制作的夹子（宽约 4 毫米，展开时长约 2 厘米），在三维超声及 X 射线设备的

引导下，把导管前端伸到二尖瓣的位置。医生通过外部器械调整好夹子的角度，操纵夹子将二尖瓣从中间夹住，从而将一个大的单孔变成两个小孔，这样有利于二尖瓣合拢，减少血液反流。

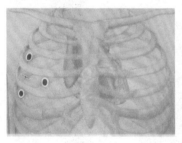

在胸廓两条肋骨间切开一个 1～2 厘米的切口，再在合适的位置打几个小孔。医生操纵手术机械手在内窥镜提供的清晰视野下完成手术

两例手术的不同

最大的不同可能要数术后恢复的医嘱。妈妈被要求避免从事繁重的劳动和进行剧烈的运动。直到 2001 年，她的心脏医师才说："离开沙发吧！你需要每周活动五六天来保护你的心脏。"

麦吉术后没有太多的禁忌。如今她已经五岁半了，经常游泳、打网球和踢足球。她希望将来也跟妈妈一样，去跑马拉松。

干细胞的医疗应用

Q5 人体组织和器官怎样形成？

Q4 干细胞移植有哪些应用？

Q3 关于干细胞有哪些研究？

Q2 如何治疗白血病？

Q1 什么是干细胞？

地球上大部分生物体，包括人类在内，都是从一个叫作受精卵的单细胞发育而来的。为了生长，受精卵会不断分裂，直到它形成一个球形的"桑葚胚"。这个球形的细胞团是怎么发育成人体中形状功能各异的细胞的呢？

什么是干细胞？

桑葚胚的发育过程

组成桑葚胚的细胞会继续分裂，形成囊胚。在之后的胚胎发育阶段，细胞分化成具有不同特征的细胞。囊胚中的内细胞有形成其他种类细胞的潜能，因此它们叫作胚胎干细胞，也被称为多潜能细胞。它们的本事就是制造细胞。形成不同种类细胞的过程，叫作分化。

人体发育过程

胚胎干细胞最终会分化成人体内所有种类的细胞，然后再由这些细胞形成生命活动中行使各种功能的器官，如心脏、肺、大脑、皮肤等。分化后的细胞拥有特定功能，同时也失去了形成其他细胞的能力。

干细胞的这种制造人体器官的能力很早就引起科学家的兴趣。实际上，早在 20 世纪 50 年代末，科学家就已经在利用干细胞进行医学实践了。

     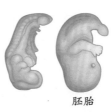 

2 细胞期　4 细胞期　8 细胞期　16 细胞期　　囊胚　　　　　　　胚胎

干细胞疗法的目标

在一次袭击中受损的神经组织、导致 I 型糖尿病的受损胰腺细胞，甚至是在车祸中受伤的脊髓，都有可能获得全新的替换品，这样神奇的疗伤能力正是干细胞疗法的目标。

如何治疗白血病？

Q2

历史上的首次骨髓移植

1956 年底，美国西雅图弗雷德·哈金森癌症研究中心的科学家爱德华·唐纳尔·托马斯为了挽救一位晚期白血病患者的生命，在患者和其同卵双胞胎间进行了历史上首次骨髓移植。此后，托马斯还做了 5 例相似的手术，遗憾的是没有患者存活超过百天。

白血病

白血病是一类常见的血液系统恶性肿瘤，因患者体内出现了过量的白细胞而得名。白血病的根源正是白细胞的制造过程出了差错，即骨髓干细胞出了问题。

白血病的治疗方法　✕

对于白血病患者，首先采用化疗和放疗相结合的方法杀死患者体内原有的白细胞和制造白细胞功能出错的骨髓干细胞；然后，从与患者匹配的捐献者体内抽取含有健康成体干细胞的骨髓，转移注射到患者的血液中。移植骨髓中的干细胞进入患者的骨髓后就会开始产生新的健康的血细胞及能够正常制造血细胞的骨髓细胞。

随着技术的不断进步，现在骨髓移植已经成了治疗白血病最有效的手段。当白血病患者体内的干细胞因为辐射或者使用化学药物而损坏时，可以进行骨髓移植。1990 年，托马斯凭借该技术在治疗白血病方面的杰出贡献和约瑟夫·默里共同获得了诺贝尔生理学或医学奖。这是到目前为止唯一因临床医疗技术获得的诺贝尔奖。

骨髓的造血能力

骨髓移植

移植骨髓用到的造血干细胞是成体干细胞中的一种，专门负责制造血细胞，主要集中在骨髓里，因此也被称为骨髓干细胞。血细胞包括红细胞、白细胞和血小板。骨髓中的成体干细胞有足够的潜能分化成不同种类的血细胞，但是不能分化成其他细胞，比如肌细胞。

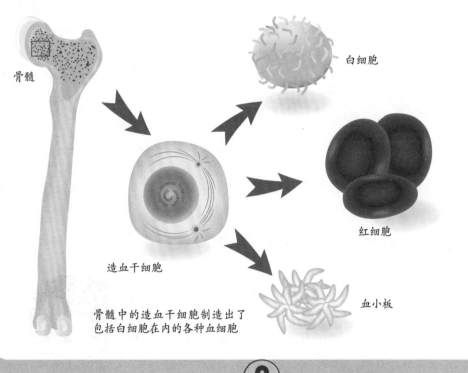

骨髓

白细胞

造血干细胞

红细胞

血小板

骨髓中的造血干细胞制造出了
包括白细胞在内的各种血细胞

关于干细胞有哪些研究？

Q3

全能干细胞的诱惑

成体干细胞

干细胞并不是胚胎独有的，在成人体内，依然有干细胞存在，它们被称为成体干细胞。这些细胞被淹没在脑组织、头发、皮肤、脂肪、心脏、胰腺、骨髓或者牙龈细胞群中，只能分化成某个特定种类的组织细胞。在多数时候，它们保持安静，但当身体发出需要它们的信号时，它们就会以自己的方式出现在正确的地方，分裂并转化成人体所需要的细胞。

用源于患者自身的成体干细胞进行治疗，不但避免了许多伦理问题的争议，还避免了排异反应。但是，成体干细胞的作用很有限。

逆转普通的细胞

科学家寻找到了一种新的途径是逆转普通的细胞，让它们回到全能干细胞的状态。

从同一个受精卵分裂出的细胞虽然最后各司其职，但是它们都具有同样的 DNA。这些遗传信息是不变的，只是在不同的细胞中，开启和关闭的基因不一样。

循着这个思路，2007 年，日本和美国的科学家成功地用成人的皮肤细胞诱导并培养出了多功能的干细胞，这些细胞具有类似胚胎干细胞的分化能力。日本京都大学的山中伸弥教授凭借此项成果，和约翰·戈登共同获得了 2012 年诺贝尔生理学或医学奖。

这意味着，干细胞疗法有了更广阔的前景。

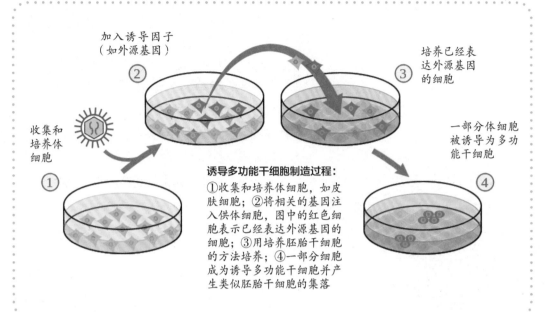

加入诱导因子
（如外源基因）

②

培养已经表
达外源基因
的细胞

③

收集和
培养体
细胞

①

一部分体细胞
被诱导为多功
能干细胞

④

诱导多功能干细胞制造过程：

①收集和培养体细胞，如皮
肤细胞；②将相关的基因注
入供体细胞，图中的红色细
胞表示已经表达外源基因的
细胞；③用培养胚胎干细胞
的方法培养；④一部分细胞
成为诱导多功能干细胞并产
生类似胚胎干细胞的集落

胚胎干细胞研究存在的"为救人而杀人"问题

干细胞的最佳来源是囊胚中的胚胎干细胞，它们能分化成大约200种
体细胞。但是胚胎干细胞的应用一直存在争议。理论上讲，它可以在子宫中
发育成胎儿，将这种细胞用于临床治疗，就出现了"为救人而杀人"的医
学伦理问题。在美国，胚胎干细胞研究在2001年被下令禁止，直到2009
年才恢复。很多国家仍然禁止胚胎干细胞研究。

干细胞移植有哪些应用？

Q4

治疗脊髓损伤

脊髓损伤

　　脊髓在神经系统中负责电脉冲的传递，这对完成身体的各项生理活动至关重要，它包括多种细胞。如果脊髓受损，电脉冲信号就不能传递到身体的一些重要部位。如果脊髓的损伤部位高一些，患者可能会瘫痪。而且，由于中枢神经系统（脑和脊髓）的神经组织不能再生，脊髓受损带来的运动障碍可能是一辈子的。

干细胞移植的应用 ✕

　　科学家用小白鼠做了实验，他们切断了小白鼠的脊髓，使它们瘫痪，然后又在小白鼠体内移植了干细胞，并添加了必要的蛋白质。这些干细胞分化形成了脊髓组织，小白鼠又能行走了。如果干细胞可以移植在脊髓受损患者身上，那么，很可能坐轮椅的人也能站起来行走！韩国的一个实验室正在进行初步的实验，并且患者的状况出现了一些改善。

治疗糖尿病

胰岛素

胰岛素是一种激素，它能通过刺激细胞吸收葡萄糖（葡萄糖参与细胞的新陈代谢，为细胞提供能量），从而降低血液中的葡萄糖含量。如果没有胰岛素，细胞就得不到需要的能量，同时，血液中的葡萄糖浓度偏高会使组织失水、电解质失衡，长期下去会导致心脏疾病、中风、肾衰竭、足部溃疡和其他严重的并发症。

干细胞移植的应用

全世界差不多有 3.5 亿糖尿病患者，他们必须经常检测自己的血糖水平，很多患者还不得不每天注射胰岛素来控制血糖。如果在干细胞中添加特定的蛋白质，就可以刺激干细胞分化成能够分泌胰岛素的细胞，再将这些细胞移植到患者的胰岛中，从而治疗糖尿病。这样，糖尿病就迎刃而解了。

导致 I 型糖尿病的原因

胰脏内的胰岛 β 细胞可以生成胰岛素，如果这些细胞受损，就会导致 I 型糖尿病。

更多应用

前景

未来，其他疾病，如帕金森病、阿尔茨海默病以及心肌受损、秃头、耳聋和失明等，也都能找到相应的干细胞疗法。科学家甚至能用干细胞疗法让牙齿掉光的老人长出新的牙齿！干细胞的潜能是无穷的，任何可以通过移植新细胞治疗的疾病，都能用干细胞来治疗。

阻碍

不过，干细胞要完全发挥潜能，还需要跨过一些障碍。为了让干细胞分化成合适的组织，必须用生长因子和其他分子来刺激它们。如何找到一个可靠的方法，让细胞分化到某一阶段的时候立即停止呢？科学家已经发现了如何刺激细胞生长的方法，但是在寻找阻止细胞生长的方法上遇到了困难。如果没有"刹车"，细胞可能会在患者体内不受控制地分化下去，最终生成肿瘤。

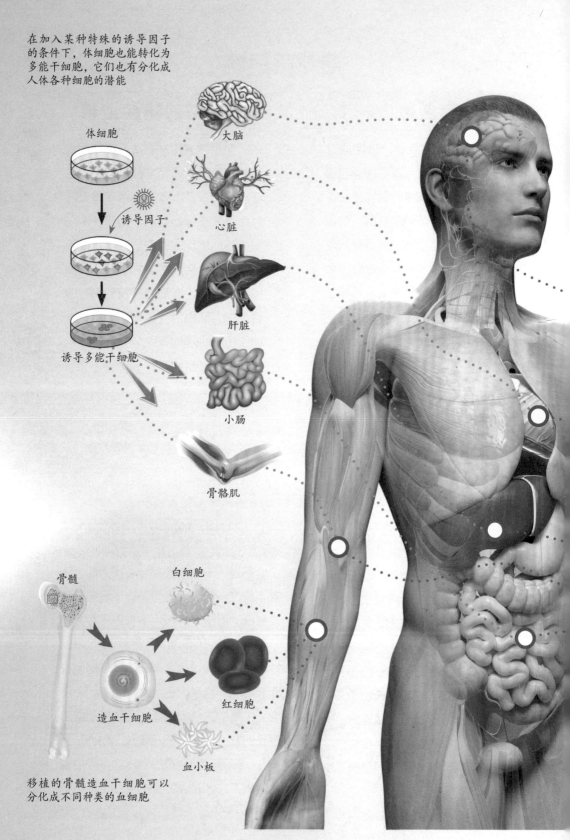

在加入某种特殊的诱导因子
的条件下，体细胞也能转化为
多能干细胞，它们也有分化成
人体各种细胞的潜能

体细胞

诱导因子

诱导多能干细胞

大脑

心脏

肝脏

小肠

骨骼肌

骨髓

白细胞

造血干细胞

红细胞

血小板

移植的骨髓造血干细胞可以
分化成不同种类的血细胞

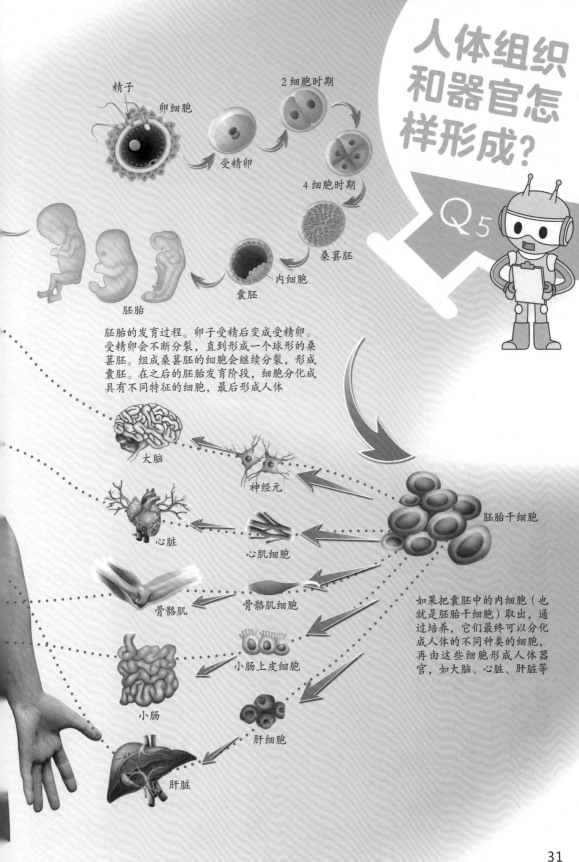

Q5

精子
卵细胞
受精卵
2 细胞时期
4 细胞时期
桑葚胚
内细胞
囊胚
胚胎

胚胎的发育过程。卵子受精后变成受精卵。受精卵会不断分裂，直到形成一个球形的桑葚胚。组成桑葚胚的细胞会继续分裂，形成囊胚。在之后的胚胎发育阶段，细胞分化成具有不同特征的细胞，最后形成人体

大脑
神经元
心脏
心肌细胞
骨骼肌
骨骼肌细胞
小肠上皮细胞
小肠
肝细胞
肝脏

胚胎干细胞

如果把囊胚中的内细胞（也就是胚胎干细胞）取出，通过培养，它们最终可以分化成人体的不同种类的细胞，再由这些细胞形成人体器官，如大脑、心脏、肝脏等

微创手术将进入

3D 时代

Q1 古人是如何做手术的？

Q2 什么是微创手术？

Q3 如何操作手术机器人？

Q4 如何在手术中应用 3D 技术？

Q1

手术，俗称"开刀"。中国东汉时著名的大夫华佗被后人称为"外科圣手""外科鼻祖"。你对"刮骨疗毒"的典故一定不陌生吧？对了，就是华佗为三国时期名将关羽做箭伤手术的故事。关羽的手臂中了毒箭，华佗切开他的伤口，割去腐肉，刮骨头除去毒素，治好了关羽的箭伤。

其实，对华佗来说，这不过是一个小小的清创（清理创伤）手术。据古文献记载，华佗做过许多更复杂的胸腹部手术。而且，华佗做手术的过程与现在做的普通手术很相似，包括麻醉、开刀、切除病灶、缝合、消毒等。然而，当华佗想要锯开曹操的脑袋来治他的头疼时，生性多疑的曹操以为华佗要害他，就把华佗杀了。其实，华佗只是想做一个开颅手术，只不过风险很大。

计算机辅助外科手术的机器人——"达·芬奇"

达·芬奇博学多才，除了是一位著名的画家，他还对人体结构有着浓厚的兴趣。1495 年，达·芬奇设计出人类历史上第一个机器人。1998 年 12 月，一个计算机辅助外科手术的机器人系统问世，为了表示对这位有着"不可遏制的好奇心"和"极其活跃的创造性想象力"的博学者的敬意，这个机器人被以达·芬奇的名字命名。据称，到 2012 年为止，"达·芬奇"手术机器人已在各地进行了约 20 万次手术。

什么是微创手术？

Q2

微创手术出现

随着传统的"开刀"手术观念的改变，近年来，微创手术正在兴起。微创手术，就是创伤微小的手术。

目前，微创手术是许多疾病治疗的首选方案，如乳腺纤维腺瘤摘除、椎间盘摘除、脑出血引流等。而且机器人的作用越来越大，现在，微创手术可以通过手术机器人来完成。

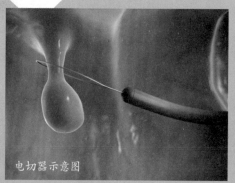

电切器示意图

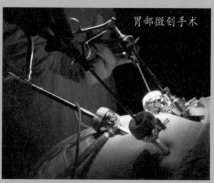

胃部微创手术

微创手术

1987年，法国医生穆雷采用腹腔镜完成了第一例腹腔镜胆囊切除术（LC），这标志着微创手术的诞生。他先在患者的腹部打几个孔，腹腔镜经这些孔探入，找到发炎的胆囊，手术器械从另外的孔探到胆囊的位置。在腹腔镜视野下，先把血管和胆管结扎切断，然后切除胆囊。与传统手术长长的手术切口相比，微创手术只留下几个点状疤痕。更重要的是，微创手术可减少失血、感染，避免伤害正常组织，且伤口愈合速度较快。

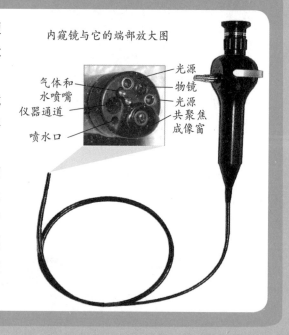

内窥镜与它的端部放大图

气体和水喷嘴
仪器通道
喷水口
光源
物镜
光源
共聚焦成像窗

操作方式

　　主刀医生坐在控制台前，用双手操作两个主控制器，并用脚控制踏板，从而控制手术器械和一个三维高清内窥镜，手术器械与医生的双手同步运动。床旁机械臂系统是机器人的操作部件，需要一位助手及时更换器械和内窥镜，协助主刀医生完成手术。成像系统内装有核心处理器和图像处理设备，它的内窥镜为高分辨率 3D 镜头，可以把手术视野放大 10 倍以上，能为主刀医生呈现患者体腔内的高清三维立体影像，使主刀医生更容易把握操作距离，辨认解剖结构，提升手术精确度。

手术机器人

　　"达·芬奇"手术机器人就像一个高级的医用内窥镜，它由医生控制台、床旁机械臂系统和成像系统三部分组成。与胸腔镜、腹腔镜一样，"达·芬奇"机器人进行手术操作时也需要机械臂穿过胸部、腹壁。

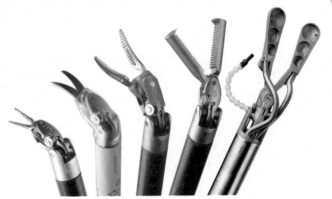

"达·芬奇"机器人上配备的手术装备

操作优势

　　机器人帮助下的外科手术更可控、更精确，可以更好地解剖组织、控制出血和保护重要的结构。

发展前景

　　更多手术机器人的面世将为许多脑病患者带来福音。以前需要劈开头骨进行的手术，如今只需在患者头上钻小洞就能消除病症了。

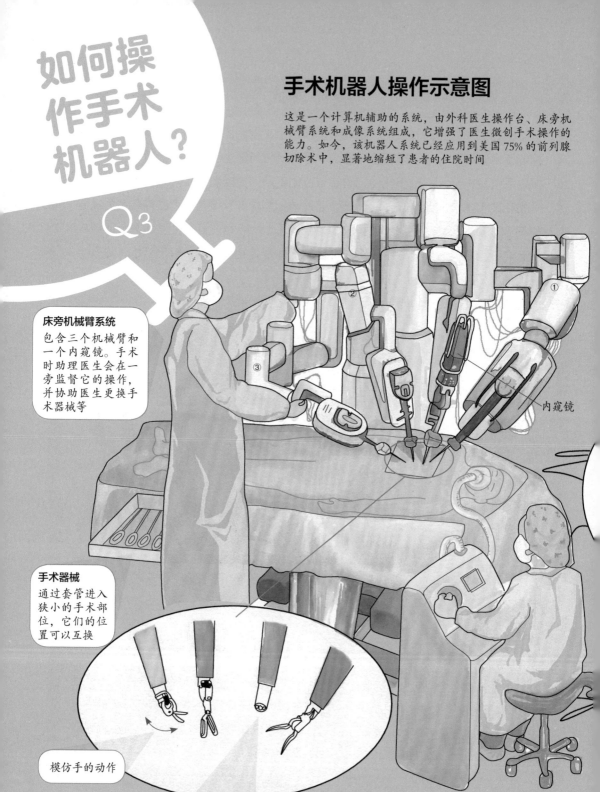

手术机器人操作示意图

这是一个计算机辅助的系统，由外科医生操作台、床旁机械臂系统和成像系统组成，它增强了医生微创手术操作的能力。如今，该机器人系统已经应用到美国 75% 的前列腺切除术中，显著地缩短了患者的住院时间

床旁机械臂系统
包含三个机械臂和一个内窥镜。手术时助理医生会在一旁监督它的操作，并协助医生更换手术器械等

内窥镜

手术器械
通过套管进入狭小的手术部位，它们的位置可以互换

模仿手的动作

内窥镜
有两个摄像头拍摄 3D 图像

内窥镜手术显示器
可以实现手术室内医务人员的监督和协作

外科医生控制台
是"达·芬奇"手术机器人系统的控制中心

取景窗
提供两个不同视角的图像，从而给出手术部位的三维立体图

5 cm

1cm

控制系统将外科医生的手部动作传递至机器人手臂，手部移动5厘米仅相当于移动手术器械1厘米，这使实际的手术操作更为精准

医生通过控制器操纵机械臂。它们就像延伸的手臂，左手控制机械臂②和③；右手控制机械臂①

A B C D E

踏板与控制器配合操纵机械臂
踏板A：定位机械臂②和③；
踏板B：移动内窥镜；
踏板C：控制相机对焦；
踏板D、E：控制操作力度

如何在手术中应用 3D 技术?

Q4

虚拟现实环境下的手术

随着三维立体技术的发展,医学微创手术即将进入 3D 时代。你一定听说过 3D 电影、3D 电视、3D 打印机。那么,3D 手术是怎么一回事呢?

3D 手术

外科手术的最高境界是实现最高程度的手术精确度,也就是说,切除病灶而不"伤及无辜"。比如在切除膀胱肿瘤的过程中,如果伤及周围的神经血管,会给患者带来意想不到的痛苦。3D 手术通过利用 3D 技术大大提高了手术精确度,目前正在探索中的 3D 手术技术主要有两类,包括 3D 腔镜系统及 3D 导航系统。

3D 腔镜系统 ☒

3D 腔镜系统利用偏振光原理,实时产生立体图,类似于我们看到的 3D 电影。医生在手术时需要戴 3D 眼镜,这样就能看到更清晰、层次更分明的图像了。同时,操作器械时有了立体方位感,定位会更准确,仿佛置身患者体内。

3D 导航系统 ☒

3D 导航系统类似于 GPS 导航。3D 导航系统首先利用 CT、MRI 的成像技术,绘制手术区内包括肿瘤、血管和神经等的 3D 地图。在 3D 地图上,设计出实施手术的路线图,这样医生在手术时,可以根据事先设计好的路线图开展手术,从而精准地到达肿瘤部位,完整地将肿瘤切除而又不伤及周围正常的组织。

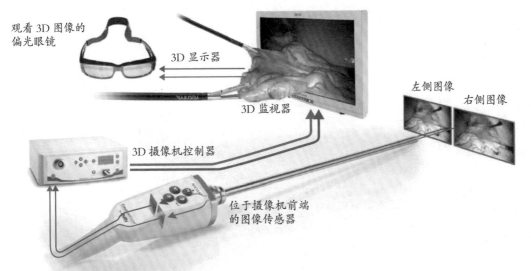

观看 3D 图像的
偏光眼镜

3D 显示器

3D 监视器

左侧图像

右侧图像

3D 摄像机控制器

位于摄像机前端
的图像传感器

德国蛇牌成像系统为医生提供了符合人体视觉习惯的 3D 图像

"达·芬奇"手术机器人

目前，"达·芬奇"手术机器人的机械臂上配备了 3D 腔镜系统。3D 腔镜手术已经在一些医院开展，3D 导航系统也开始在一些地区展开使用。在未来的 50 年，手术室里也可能会上演"3D 大片"。

"达·芬奇"手术器械与一粒大米尺寸的比较

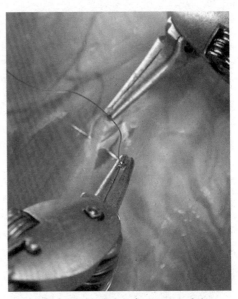

"达·芬奇"手术器械正在进行缝合手术

好大夫在线 登录 | 注册 　好大夫在线，帮你找

首页 － 找好大夫　按疾病找　按医院找　按专科找 －　　　　　询 － 预约加

【北京天坛医　　　　　　和脑

帕金森　　　　　　　　　疾　　　　　　专家观点

推荐医院：350 家

北京 上海 广东 四川 山东 湖北

推荐医生：791 位

Q2 **Q1**

帕金森病真的有乐观面吗？

如何开展『疾病研究』？

可电话咨询专家：116 位　沟通吗？

可网上咨询专家：348位　立即咨询 ＞

可预约加号专家：69位　立即预约 ＞

2013世界帕金森日：科学治疗 遵免误区

帕金森知识介绍

帕金森病是一种常见的神经系统变性疾病，老年人多见

病的青年帕金森病较少见。我国65岁以上人群 PD的患

散发病例，仅有不到10%的患者有家族史。帕金森病最

症状　　　诊断　　　检查　　　药物治疗

术后注意事项　　康复锻炼　　饮食注意

　询　　　　　　　更多>>

病情　　　　　　咨询治疗方案：

▸ 116位帕金森专　　　　通话；

▸ 付费后90%当天

▸ 患者满意度99%

　　　　　主任医师

经典网上咨询

我们来进行一次"疾病研究"的探索性科学实验。从你周围的亲人或朋友，特别是长辈那里了解他们所患的一种疾病，开始做研究。

如何开展"疾病研究"？

Q1

第 1 步

研究范围包括：

1. 了解疾病的概况，疾病研究的历史，医疗上分属于哪个科；

2. 了解这种病的临床症状，患病的概率，对人体健康的危害性；

3. 了解这种病的病因；

4. 了解诊断过程，读懂检查和化验报告；

5. 从症状和化验结果诊断疾病和其所处阶段；

6. 了解治疗药物和手术以及预后；

7. 找到一些理论研究的文章，了解现在医学上对这种疾病的科学研究和诊疗情况；

8. 了解未来可能的医疗手段。

通常可以在学术机构、医疗机构、大学、政府卫生部门、世界卫生组织等的网站上找到相关资料，也可以利用医学 App 和提供专家分析的医学服务网站（中文网站如：haodf.com）。

第 2 步

写出一篇科学报告，并与患病的亲人或朋友和其他人分享，让他们对这种疾病有比较充分的了解，便于以后跟医生做更有效的沟通。

注意：本科学报告仅作为学生科学实验成果，不能作为临床治疗的依据。

下面我们来看看美国 15 岁的 Warren Wang 针对一篇帕金森病研究的报道写的总结。Warren 小学时就注意到姥姥得的帕金森病，因此，他一直比较关注这种病。他在浏览《纽约时报》网站时看到一篇关于治疗帕金森病的新药的报道时，就用它写了一份研究报告。

帕金森病真的有乐观面吗？

Q2

我的研究报告：帕金森病的乐观面

概要

帕金森病是一种损害神经系统的疾病，初始通常表现为四肢的震颤，随着病情逐渐恶化，最终导致反应和行动迟缓以及认知功能障碍。很多科学家将帕金森病视为解读大脑以及神经系统疾病的突破口。

大脑皮层下的基底核和人的小脑有相似的功能，它们依靠多巴胺工作。帕金森病干扰多巴胺的产生，因而扰乱了基底核的功能。科学家在帕金森病患者的脑部发现了一种叫作 α - 突触核蛋白的黏着沉积，它们可能与帕金森病直接相关。随着时间的推移，正常的蛋白质也可能变坏，它们错误折叠并黏着在其他蛋白质上，就成了"毒蛋白"。这些"毒蛋白"在细胞间转移，并摧毁神经元——尤其是那些产生多巴胺的神经元。

细胞具有一系列精密的控制机制，以保证蛋白质的正常工作，并在它们发生错误时将它们销毁并回收。这些控制机制并不完美，随着人类寿命的延长，蛋白质功能失常导致神经系统疾病的可能性也会增加。

神经病毒公司从病毒中提取了一种化合物，它能进入动物大脑，破坏有毒的 α - 突触核蛋白以及与阿尔茨海默病相关的"毒蛋白"。该公司计划将这种化合物用在人身上。如果成功，就意味着这种化合物能成为这两种神经系统疾病的克星。

研究问题

如果细胞具有一系列控制机制来保证蛋白质的正常工作，并能回收利用"坏掉"的蛋白质，那么，一旦控制机制失效，能否用药物来救助细胞？如果可以，会是哪种治疗方法？

研究

　　在《纽约时报》的《帕金森病的乐观面》这篇文章中，作者多次列出证据来支持他的阐述。首先，作者自己就是一名帕金森病患者。因此，他可以直观地感受到帕金森病患者的劣势和面临的磨难。

　　同时，这篇文章解释了什么是帕金森病和到底发生了什么。比如，文章强调多巴胺为脑电路提供能量。有了这一新证据，科学家和医生就能了解究竟是大脑的哪一部分发生了病变，因此也更容易研究出治疗方法。

　　另一方面，文中提到这种帕金森病患者脑内有黏着沉积的 α-突触核蛋白，这种蛋白质有时会变"坏"，成为有毒物质，损害大脑中的神经元，尤其是产生多巴胺的那些神经。

　　尽管文章列举了大量关于帕金森病的研究，却没有提到为什么"坏"的 α-突触核蛋白会以神经元为破坏目标——尤其是产生多巴胺的神经元。弄清楚了这个问题，我们就能找到治疗帕金森病和其他神经系统疾病的更简单的方法。

观点

　　读了这篇文章，我更好地了解了帕金森病，并且由衷地希望正在进行测试的新药有效，惠及全世界的帕金森病患者。

　　我看着姥姥的身体和大脑以飞快的速度恶化，因此很难同意"帕金森病也有乐观面"这个观点。但是，我也不得不承认，帕金森病能帮助科学家更好地了解神经系统疾病。新治疗方法的研发正是对帕金森病不断深入了解的结果，而且这种疗法也有可能治愈世界上更多的帕金森病患者——包括我的姥姥。

问题讨论

　　1. 作者乐观地认为帕金森病能在不久的将来被治愈，你同意他的观点吗? 为什么?

　　2. 除了大脑中的有毒 α-突触核蛋白团和功能失常的神经元，身体有没有帕金森病的其他迹象?

　　3. 新的药物治疗源于一种病毒，那么这种治疗方法有没有副作用? 如果有，是什么样的副作用?

未来医疗的新趋势

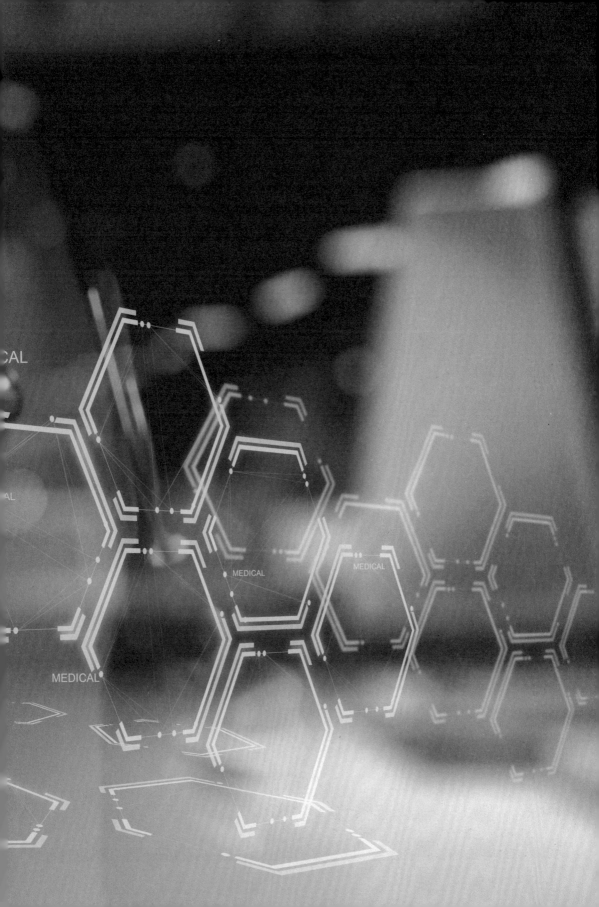

基因疫苗

将对抗更多疾病

- **Q1** 什么是超级细菌?
- **Q2** 如何应对超级细菌?
- **Q3** 基因疫苗是什么?
- **Q4** 基因疫苗具有哪些优势呢?

什么是超级细菌？

Q1

与引发传染病的细菌的斗争，一直伴随着人类文明的发展。抗生素一度拯救了人类，但是，最终也导致了超级细菌的诞生。

抗生素与超级细菌的斗法

2010年8月11日，英国的《柳叶刀》期刊介绍了一种小规模暴发流行的病症。研究发现，这种病症暴发的原因是一种新型细菌，它几乎对所有的抗生素有耐药性，因此患者的死亡率很高。

调查发现，许多患者有到印度或巴基斯坦旅游的经历。循着这条线索，科学家在印度新德里的饮用水中发现了这类从患者身上分离出的细菌。这就是后来声名大噪并令世人恐慌的携带新德里金属-β-内酰胺酶-1（NDM-1）基因的致病细菌，也被称为"超级细菌"。

超级细菌

超级细菌代表的是一类细菌。这类细菌的共性是携带NDM-1基因，对几乎所有的抗生素有很强的耐药性。随着抗生素滥用情况的日益严重，耐药菌也在不断进化。

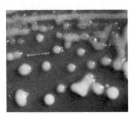

NDM-1最初在肺炎克雷伯氏菌中被鉴别出来

耐药性 ☒

如果患者在接受抗生素治疗时没有按时服药，会直接导致体内药物水平的降低，这种低水平的剂量不足以杀死一些比较顽固的细菌，而这些细菌渐渐地适应了这种药物，就会对这种药物产生耐药性。

超级细菌进化论

耐药性的产生其实就是一个进化的过程，自然选择使适应环境的个体在生存竞争中生存了下来。也就是说，更适应抗生素的细菌存活了下来，它们大量繁殖，渐渐取代了那些不耐药的细菌。随着耐药性的不断累积，对多种药物耐药的超级细菌出现了。

如何应对超级细菌？

Q2

用疫苗筑起防线

超级细菌的出现击溃了人类的最后一道防线——抗生素，于是，人们想到了另一种对付传染病的利器——疫苗。

疫苗的出现让人类有了摆脱历史悠久又顽固的传染病的希望。

第一代疫苗

第一代疫苗是病原体疫苗——灭活或减毒的病原体（细菌、病毒），此类疫苗可以在人体内引起强烈的免疫反应，但不会致人患病。尽管病原体已经灭活或减毒，但这类疫苗仍具有潜在的危险性。

第二代疫苗

第二代疫苗是基因工程重组疫苗（区别于基因疫苗），这类疫苗是以基因工程的方式生产出蛋白质或多肽作为抗原的疫苗。由于不存在病原体，这类疫苗相对更安全。

疫苗的原理

人体里的 B 细胞和 T 细胞是能够杀死病毒的淋巴细胞，当外部病毒入侵时，B 细胞和 T 细胞就会被激活来杀死病毒，并开始复制产生子代细胞，这些子代细胞中的一部分会成为长寿的记忆细胞。这些记忆细胞能够记住入侵的病原体，一旦再次接触到这种病原体就会触发强烈的免疫反应。

疫苗接种的原理是将死亡（灭活）或削弱毒性（减毒）的病毒注入机体来刺激免疫系统，这些灭活或减毒后的病原体不会引起疾病，但是会引发机体对这种病毒的免疫记忆，让机体的免疫系统随时准备着应对入侵者的挑战。

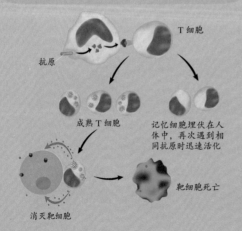

T 细胞

抗原

成熟 T 细胞

记忆细胞埋伏在人体中，再次遇到相同抗原时迅速活化

消灭靶细胞

靶细胞死亡

随着疫苗的广泛应用，人们可以成功地预防多种传染病。1980年，人类消灭了天花，这种烈性传染病具有很高的致死率。现在，人们正急切地盼望科学家开发新疫苗来控制折磨人类多年的其他传染性疾病。然而，虽然人们对传染病新疫苗的渴求不断加深，可是从1985年以来，传染病新疫苗的开发却一直处于停滞状态，成功的很少。

不过，21世纪现代生命科学已经开拓出一个较为成熟的研究平台，这为研制传染病疫苗带来了新的希望。

关于疫苗

疫苗的历史远比抗生素悠久。人类的第一种抗生素——青霉素是英国微生物学家亚历山大·弗莱明于1928年发现的。而早在1796年，爱德华·詹纳就研究并使用了牛痘疫苗，用以对抗天花。

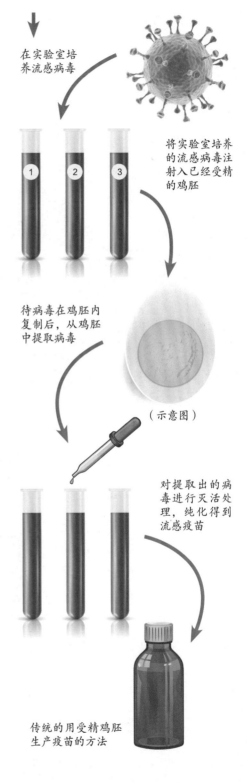

在实验室培养流感病毒

将实验室培养的流感病毒注射入已经受精的鸡胚

待病毒在鸡胚内复制后，从鸡胚中提取病毒

（示意图）

对提取出的病毒进行灭活处理，纯化得到流感疫苗

传统的用受精鸡胚生产疫苗的方法

基因疫苗是什么？

Q3

第三代疫苗

基因疫苗指的是可以表达抗原的DNA质粒。它是继病原体疫苗和基因工程重组疫苗之后的第三代疫苗。基因疫苗是一个全新的概念，它是DNA而不是蛋白质，它颠覆了长久以来以蛋白质作为疫苗主要成分的观念。

聊一聊你不知道的"DNA质粒"

除核区的基因组外，细菌内还含有许多携带遗传信息的环状DNA，这些环状DNA叫作质粒。科学家将病原体的抗原基因插入质粒，这些携带抗原基因的重组质粒就是基因疫苗。

基因疫苗

为了获得大量的基因疫苗，科学家使用一种非致病的大肠杆菌作为生产疫苗的"车间"。当基因疫苗被导入大肠杆菌后，它们随着大肠杆菌的复制而扩增，从而实现基因疫苗的大规模生产。最后，将大肠杆菌裂解，就得到了大量的基因疫苗。这种疫苗注入人体细胞后，其抗原基因表达的蛋白质可以作为抗原，激活人体的免疫反应。

注射方式 ✕

基因疫苗通常有两种注射方式。一种是直接的肌内或皮下注射，由于肌细胞特别是横纹肌细胞中，溶酶体和DNA酶（消化DNA的酶）的含量较低，因此在细胞内基因疫苗将以环状DNA的状态保存较长时间，而无法整合到人体基因组并表达抗原蛋白，最终导致免疫效果不佳。另外一种是微离子轰击介导的DNA免疫，即基因枪。其依据是亚微粒的钨和金能自发地吸附DNA，当借助高能电场用极快的速度轰击表皮组织时，包裹有金粉或钨粉的DNA质粒可以很快被整合到基因组中，从而得到满意的免疫效果。

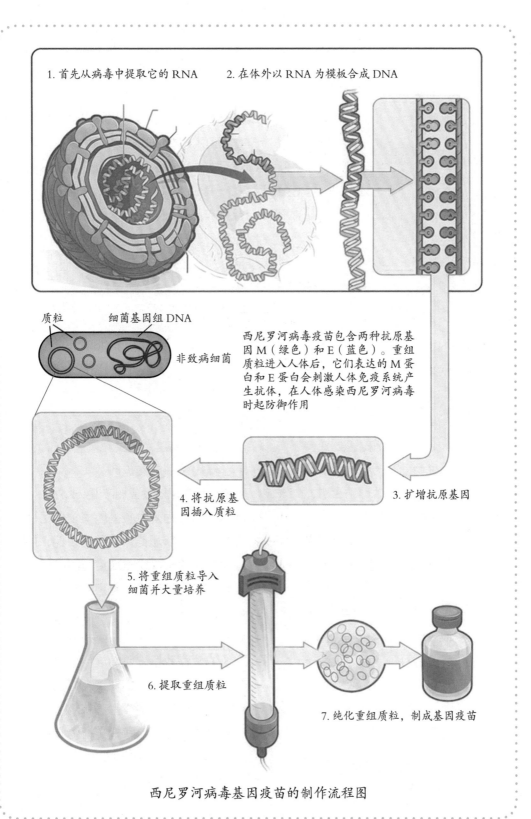

1. 首先从病毒中提取它的 RNA   2. 在体外以 RNA 为模板合成 DNA

质粒   细菌基因组 DNA

非致病细菌

西尼罗河病毒疫苗包含两种抗原基因 M（绿色）和 E（蓝色）。重组质粒进入人体后，它们表达的 M 蛋白和 E 蛋白会刺激人体免疫系统产生抗体，在人体感染西尼罗河病毒时起防御作用

4. 将抗原基因插入质粒

3. 扩增抗原基因

5. 将重组质粒导入细菌并大量培养

6. 提取重组质粒

7. 纯化重组质粒，制成基因疫苗

西尼罗河病毒基因疫苗的制作流程图

基因疫苗具有哪些优势呢？

Q4

细胞免疫

传统疫苗可以引发体液免疫，而基因疫苗由于可以进入细胞，它不仅可以通过体液免疫产生抗体，还可以引发细胞免疫。因此，基因疫苗除具有预防作用外，还有治疗作用。这对预防及治疗一些由难以清除的病毒引起的传染病来说，具有非凡的意义。

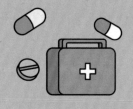

同时对付多种疾病

基因疫苗的另一个优点是可同时对付多种疾病。理论上讲，如果将多种病原体的抗原基因插入质粒，这样的基因疫苗可携带多个病原体基因，可对多种传染病产生抗体。

一个人从出生到 16 岁，需要接受很多次的强制免疫，也就是我们所说的打预防针。假设一剂基因疫苗中含有 10 种抗原基因，那么，每个人只需要注射几次就可以获得全部免疫了。

其他优势

基因疫苗的免疫时效更长，疫苗的储存与运送会更加方便。此外，基因疫苗也为开发转基因植物疫苗开拓了一个新思路。有研究表明，如果每天给小鼠吃三次疫苗西红柿（转入了保护性抗原基因的植物疫苗），小鼠能够对乙肝病毒产生有效的免疫反应，对艾滋病病毒也有一定的免疫效果。如果这种植物疫苗研制成功，那么，未来人们也许只需吃几个西红柿或香蕉就能达到免疫目的，这将为尚未实施强制免疫的地区带来极大的便利。

待解决的问题

尽管基因疫苗会成为预防和治疗传染性疾病的主流，但是仍有许多问题亟待解决，比如：

1. 基因疫苗容易导致宿主细胞的突变及癌变；

2. 基因疫苗所携带的病原体 DNA 必须进入淋巴系统才能活化 T 细胞反应，这样做是否会有后遗症还需要观察；

3. 在目前的人体试验中，基因疫苗在人体内的接种效率依然很低。

未来疫苗的研制和开发

未来疫苗的研制和开发将是一种平台战略，换言之，现代生命科学各种先进的理论及技术手段都可以用在未来疫苗的研制及开发工作中。未来疫苗的战略基础是基因组学、反向疫苗学、高通量 DNA 测序、新型植物及昆虫基因表达系统以及有效的疫苗佐剂。

2014 年 2 月 5 日至 6 日，"人类疫苗计划工作组"正式成立，并召开了第一次研讨会。同年 6 月 18 日，该工作组在《自然·免疫学》杂志上发文，呼吁开展"人类疫苗计划"。

纳米贴片

纳米贴片是用一种以"深反应纳米刻蚀"的技术制成的疫苗载体。在显微镜下，它的表面有成千上万的微小的突出物。突出物表面涂满了疫苗，当用辅助器把贴片紧紧贴在皮肤上时，不到 1 分钟，疫苗就被释放并进入皮肤，然后纳米贴片就可以取下丢掉了。

这是一种直接的疫苗递送技术，它显著地增强了免疫反应。疫苗通过皮肤表皮进入体内，避免了传统的针孔注射。使用纳米贴片不但无痛，而且价格低廉。

显微镜下，纳米贴片表面有成千上万的突出物，它们的尺寸比传统的注射针孔小得多

癌症可以靠疫苗消灭

Q1 怎样用免疫细胞治疗癌症？

Q2 什么是癌症疫苗呢？

Q3 未来疫苗的发展趋势如何？

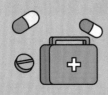

Q1

2012 年，64 岁的平面设计师鲁思·莱西正饱受疾病的折磨，不仅白血病在她体内肆虐，而且高剂量的化疗让她的身体变得极度虚弱。

纽约市斯隆－凯特琳癌症中心的专家冈瑟·克内采用一种 WT1 特异性的 T 淋巴细胞对莱西进行治疗。在接受了干细胞移植和 4 剂 T 淋巴细胞注射后，莱西的癌细胞已经检测不到了，她又恢复了活力。

克内医生植入莱西体内的 T 淋巴细胞是一种经过特殊处理的免疫细胞，它们具有识别癌细胞的能力，进入人体后可以迅速找到癌细胞并将其杀死。从免疫功能的角度来讲，这是一种"被动性"免疫治疗。这种"被动性"免疫治疗只能弥补免疫功能的不足，进行"主动性"免疫治疗才是最终根治癌症的关键所在，比如接种癌症疫苗。

数十年来，癌症的治疗手段主要有三种：手术治疗、化疗和放疗。除了这三种传统疗法，想象一下，如果有一种新的疗法能让癌症也如天花般绝迹，那么这个现代人类健康的最大威胁将被消灭。

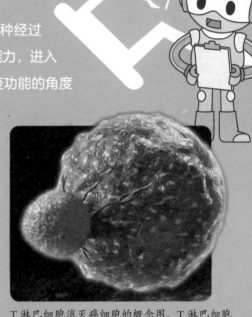

T 淋巴细胞消灭癌细胞的概念图。T 淋巴细胞可以识别并牢牢"抓住"癌细胞，再将其杀死

避开免疫系统的癌细胞

为什么莱西自己的 T 淋巴细胞不能杀死那些癌细胞呢？这是因为她体内的癌细胞成功地"躲避"了她的免疫系统。癌细胞"隐藏"了它们的表面抗原，让免疫细胞无法识别。除了"逃避"免疫监视，癌细胞还能激活患者体内的调节 T 细胞，甚至"雇佣"来自骨髓的"抑制性细胞"来减少免疫细胞，从而抑制体内的免疫反应，借此逃过被免疫细胞杀死的厄运。

什么是癌症疫苗呢？

Q2

癌症疫苗

癌症疫苗是一种进入人体后可以"唤醒"患者自身免疫系统，动员免疫细胞识别癌细胞，诱导机体产生抗癌免疫应答，从而将癌细胞杀死的抗原。

"科雷毒药"

癌症疫苗的历史可以回溯到 120 年前，一位年轻的医生威廉·科雷为了寻求更有效的癌症治疗方法，搜索了当时纽约医院近百例癌症患者的治疗记录。他发现一例"自愈"的患者，便千方百计地在纽约市的茫茫人海中找到了这位患者。

科雷医生发现，这位癌症患者在出院 7 年后依然很健康，而且没有任何复发的迹象。查看这位患者的病历时科雷发现，患者曾两次感染一种比较严重的皮肤病——丹毒。在丹毒逐步治愈后，癌症也一同消失了。科雷医生想，这位病入膏肓的癌症患者之所以能奇迹般地战胜病魔，唯一可能的原因是与他感染的丹毒有关。

在此病例的启发下，科雷医生发明了一种一度被称为"科雷毒药"的"混合细菌疫苗"。科雷医生用这种疫苗治疗了近千名患者，尽管受限于当时的条件，疫苗的质量得不到很好的保证，但仍有超过 50% 的患者的癌症被治愈了。

科雷对癌症的治疗没有很好的临床重复性，而且还有诱发其他感染的危险，所以没有得到医学界的承认和进一步的研究。不过值得一提的是，科雷的患者大多数为晚期无法进行手术的转移癌患者，这也证明了使用疫苗的治疗方法十分有效。

癌症治疗疫苗

实验

20 世纪 90 年代早期，美国斯坦福大学的免疫学家埃德加·恩格尔曼想到了一个新思路，就是利用人的免疫细胞开发癌症疫苗。这种疫苗可以通过激活人体的免疫系统识别并杀死癌细胞，针对性更强，对正常细胞的损伤更小。

他在患有淋巴瘤的小鼠身上做了实验，开创性地发明了肿瘤免疫技术。2010 年，他研发的产品 Provenge 获得了美国食品药品监督管理局（FDA）的批准。

临床试验

Provenge 是世界上第一款癌症治疗疫苗，用于治疗转移性前列腺癌。它的有效成分是从患者自己的血液中分离加工得到的，因此可以有针对性地进行自体治疗。512 名患者的临床试验结果显示，患者经 Provenge 治疗后的平均存活时间为 25.8 个月，比用常规药物治疗（对照组）的患者长 4.1 个月。3 年后，Provenge 治疗的患者中仍有 32% 活着，而对照组只有 23%。

存在的问题 ✕

由于研发成本较高，癌症疫苗治疗所需费用远远超过了常规化疗。例如，在 2010 年，患者接受一个疗程的 Provenge 治疗要花去约 9.3 万美元，按照当年的汇率，相当于人民币 60 多万元，这并非普通家庭所能承受的。

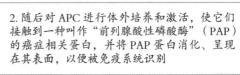

1. 先在患者的血液里提取一种叫作"抗原递呈细胞"（APC）的神经元树突细胞

2. 随后对 APC 进行体外培养和激活，使它们接触到一种叫作"前列腺酸性磷酸酶"（PAP）的癌症相关蛋白，并将 PAP 蛋白消化、呈现在其表面，以便被免疫系统识别

3. 经过激活的 APC 再注射到患者的身体里，APC 细胞将 PAP 抗原信息呈递给免疫 T 细胞，"唤醒" T 细胞并有针对性地杀死前列腺癌细胞

治疗性疫苗 Provenge 的制作过程
（图片来源：Dendreon Corporation）

未来疫苗的发展趋势如何？

Q3

癌症疫苗有着广阔的前景。如今，已有近 140 种癌症疫苗进入 I 期或 II 期临床研究，也有 20 多种癌症疫苗进入 III 期临床研究。这些正在研发的疫苗将被用来治疗膀胱癌、脑瘤、乳腺癌、肺癌、淋巴瘤以及白血病等。

科学家指出，癌症疫苗研究的关键在于选择什么时间点采取治疗，以及需要持续多长时间。科学家接下来需要做的是寻找"广谱"的癌症疫苗。据报道，美国的研究人员正研制一种新型抗癌疫苗，也许能治疗 70% 的癌症。

MUC1 的蛋白质

美国佐治亚大学与梅奥诊所研究员格特·扬·布恩斯说："我们初步研究出一种治疗方法，就是教免疫系统识别癌细胞上一种特殊物质，并对癌细胞发起攻势。这种疫苗能引发强烈的免疫反应，激活免疫系统的全部三道防线，平均可以缩小肿瘤体积 80%。"他们把研究重点放在一种名为 MUC1 的蛋白质上。MUC1 又称附膜蛋白，广泛分布于癌细胞表面，它含有糖链，在肿瘤的发生与转移方面起重要作用。

训练免疫系统

英国媒体引述研究员桑德拉·亨德勒的话说："癌细胞把糖置于细胞表面，以此欺骗免疫系统，让自己可以在身体内部活动而不被发现。"新型疫苗正是利用这一点，"训练"身体免疫系统更有效地识别癌细胞表面的糖蛋白 MUC1，从而找出癌细胞并消灭它们。然而，这项研究距真正的临床试验应用可能还需近 10 年时间。

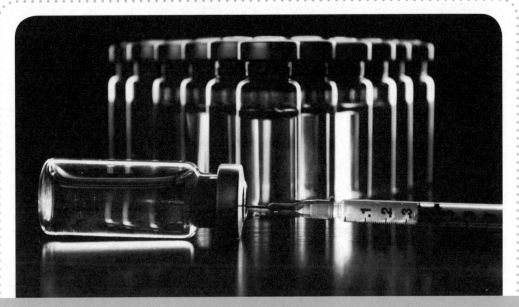

预防性癌症疫苗

　　根据用途，癌症疫苗可以分为两种：一种是预防性疫苗，接种于遗传易感性的健康人群，进而可以预防肿瘤的发生；另一种是治疗性疫苗，主要用于杀死癌细胞。

　　2006 年 6 月，一种叫 Gardasil 的疫苗获得了美国食品药品监督管理局批准，在美国成功上市。在医生和父母的鼓励下，许多 9 ～ 26 岁的青少年接受了 Gardasil 疫苗接种。

　　Gardasil 是一种针对人乳头瘤病毒（HPV）的疫苗。全世界每年新增约 50 万名宫颈癌患者，有 70% 的宫颈癌是由 HPV 病毒引起的。科学家相信，这种疫苗能够预防由 HPV 引发的相关疾病，包括宫颈癌。有科学家预计，通过 HPV 疫苗接种和宫颈癌的筛查，未来 30 年内彻底根除宫颈癌并非梦想。目前，全球已经有 160多个国家批准了宫颈癌疫苗的使用，并有 28 个国家支持青少年免费接种。

器官再生医学

Q1 移植手术存在什么问题？

Q2 人类是否拥有强大的再生能力？

移植手术存在什么问题？

Q1

卢克·马塞拉先天患有一种疾病，那就是卢克的膀胱不能正常工作，这影响到他的肾脏。这种疾病发展得异常迅猛，10岁时，卢克的肾脏彻底罢工了，等待他的将是不断进行透析的未来。透析可以将新陈代谢产生的废物和其他有毒物质从身体中过滤和清除出去。

为了修复有功能障碍的膀胱和肾脏，卢克已经经历过15次手术了，但是没有一次起作用。幸运的是，卢克碰到了安东尼·阿塔拉博士。阿塔拉博士是再生医学领域的前沿专家，他领导着美国威克弗里斯特再生医学研究所。他的治疗方案是：为卢克提供一个新的膀胱，而这个膀胱来自卢克自己。

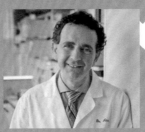

威克弗里斯特再生医学研究所的负责人、再生医学前沿科学家安东尼·阿塔拉博士

再生的需求

好的药物可以让人们获得更长的寿命，但是器官仍会老化衰竭。当人的器官老化、患病或者破损时，就需要新的器官进行替换。

移植手术存在一个无法避免的大问题：患者的身体会排斥移植过来的器官，这种现象被称为排异。于是，医生会给患者开一些抗排异的药物。这个办法有很大的缺点是通过抑制人体免疫系统而发挥作用，会降低患者抗感染的能力，而且还存在另一个问题——可供替换的器官严重不足。

为了解决这些问题，科学家开始寻找新的移植技术，比如从干细胞中培养出新的组织和器官。

移植手术有哪些"第一次"

1954年，世界第一例肾脏移植手术成功。20世纪60年代，世界第一例肝脏、肺脏和胰腺移植手术相继进行。1967年，医生又实现了世界第一例心脏移植手术。不久，外科医生开始对癌症患者进行骨髓移植。

人类是否拥有强大的再生能力？

Q2

人的皮肤——这个人身体中表面积最大的器官，实际上每两周就会更换一次；人的骨骼每10年更换一次。许多生物的组织和四肢能以更快的速度再生，比如蝾螈。

再生医学包含很多细致的分支，器官再生是主要的一支。最初，科学家研究的是一些微生物、植物的细胞和动物的四肢等体内体外的器官为什么再生、怎样再生。这些研究让科学家发现了细胞如何生长，并且开始探讨在人体内修复和替换受损组织和器官的可能性。

科学家逐步了解这些过程后，就开始进行各种实验。他们想知道，如果用不同的方式处理细胞，生物体会发生怎样的变化。

研究者推断，如果他们能用患者自身的细胞来制造人工组织和器官，那么患者的身体就不会把这些植入物当作入侵者来排异。为了验证这个理论，阿塔拉博士用患者的细胞制作了人工膀胱。卢克获得的就是这样的一个膀胱。

蝾螈的启示

蝾螈具有断肢再生能力。肢体断了，新的肢体可以从断口处重新长出，而且不管断了多少次，成年的蝾螈还是能一次又一次地修复如初。《自然》杂志刊登的德国和美国等国科学家的研究成果指出，蝾螈断肢创口周围的皮肤、肌肉、骨骼等各种细胞会聚集到一起，从成体细胞反向变为"幼年"细胞，形成具有再生能力的芽基细胞群。尽管这些芽基细胞看起来都差不多，但它们都记住了各自的来源。此外，从蝾螈肢体末端取下的软骨细胞，在移植到上臂部位后，居然慢慢移到了原来的位置，证明这种细胞具有记忆位置的功能。

"长"出的膀胱

1999 年，阿塔拉博士和一个外科医生团队成功地将他们在实验室制造的膀胱移植给了 7 个孩子，这些孩子的年龄从 4 岁到 19 岁不等。这是在实验室生长的器官第一次被植入人体。

细胞培养

科学家从每个孩子身上取下了一小片膀胱组织，然后从中分离出两种细胞——肌细胞和尿道上皮细胞（位于膀胱组织的表层），并将其放到培养皿中培养，加入特殊的营养液——这种技术叫作"细胞培养"。

大约一个月后，研究者取出培养好的细胞，然后将肌细胞"种"在一个和膀胱形状一样的支架外层，将尿道上皮细胞涂在支架内部，接着，将支架放在一个"像烤箱一样的容器"中，这个容器模仿了人体内部的环境。

膀胱支架中有少部分是由一种特殊蛋白质制成的，其他部分是由特殊蛋白质和透明质酸的混合物制成的。

新膀胱植入

7 周之后，医生将加工成的新膀胱植入孩子体内。之后，研究者对这些孩子又追踪研究了四五年，然后，他们在国际著名的医学杂志《柳叶刀》上发表了他们的研究报告。

他们的研究表明，这些人工培养出的作品能和人体自身形成的膀胱一样正常工作。

用于制造新膀胱的支架（白色球状物）

再生医学

利用自身的细胞进行培养，或者利用 3D 打印技术，制造从血管到膀胱，再到肾脏等更复杂的固态脏器，再生医学蕴藏着极大的潜力。阿塔拉博士的团队也在尝试制造肢体，不过目前再生医学所能做的是使用这些技术修复肢体的某一部分。

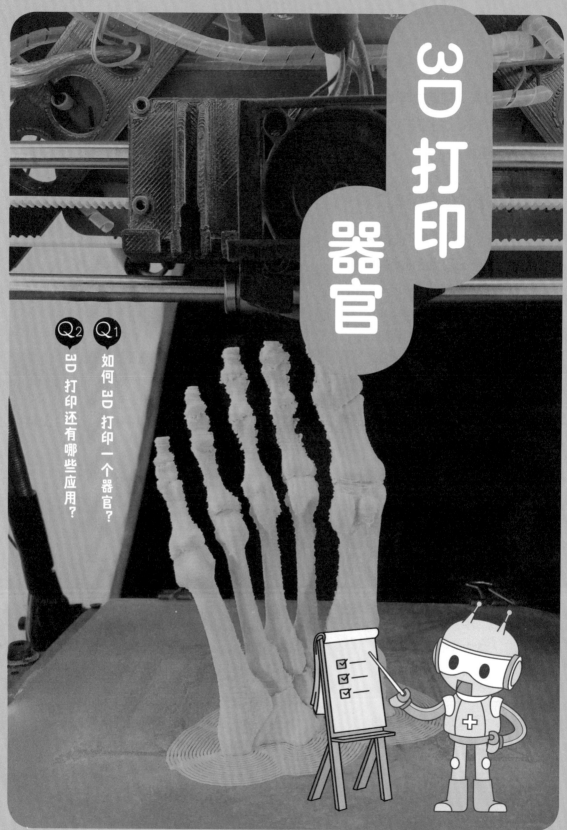

3D 打印
器官

Q2 Q1

如何 3D 打印一个器官?

3D 打印还有哪些应用?

3D 打印与一般打印不同的是，3D 打印用的"油墨"是容易黏合在一起的材料，比如塑料和金属粉，打印的过程就是把它们层层堆叠成形。

计算机断层扫描技术（CT）

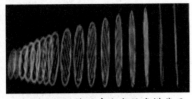

通过断层扫描将器官分成很多横截面

将"油墨"变为一个完整的器官，首先需要一个精确的模型来指导打印过程。这个模型通过计算机断层扫描技术（CT）建立。CT 可以用来立体地了解器官内部结构的细节。将获得的一层层的图像信息利用电脑的图像和形态分析以及三维重组的技术进行 3D 重构，就得到了一个跟患者的器官完全相同的立体图像。之后再将分析所得的信息输入 3D 打印机进行打印。

3D 打印

在计算机控制下，3D 打印机将细胞一层叠一层地堆叠打印，每两层细胞之间都有一层水凝胶用来黏合、固定细胞。这样交替重复，直到把整个器官打印出来。之后水凝胶会降解，留下来的就只有器官的细胞了，这些细胞就形成一个完整的器官。

打印一个肾脏大概需要 7 小时，完成后，阿塔拉把这个人造肾脏转移到培养箱中继续培养。没过多久，数百万个细胞就可以相互交流，像器官一样工作。

用细胞做"油墨"

要打印肾脏，阿塔拉博士的团队首先从患者的肾脏组织中分离出一小片有再生潜能的细胞，通过细胞培养得到一群活跃的细胞，它们就是 3D 打印的"油墨"。

在机器上将器官一层一层地打印堆叠出来

3D 打印还有哪些应用？

Q2

让器官运转

3D打印肾脏

"从理论上来说，将人工制造的脏器移植给患者是可行的。"阿塔拉博士说，"但直到现在仍然没有成功，因为固态脏器比那些扁平的、管状的或者中空的结构要复杂得多。"目前通过 3D 打印的肾脏还只是实验室研究的模型，离实际应用还有很长的路要走。

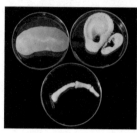

3D 打印出来的肾脏、趾骨和耳朵样本

3D打印心脏

美国路易斯维尔大学的团队也是 3D 打印的先驱。他们要打印的是人类的心脏。由于心脏的结构比较复杂，为了打印出一颗完整的心脏，他们需要一张精准的心脏的 3D 照片——包括心脏内部的各种细胞、组织和血管的分布等，然后按照这张照片完成打印。

然而要打印一颗真正的心脏，不仅要将一盘散沙似的细胞聚为一个整体，还要使其具备心脏的功能。其中一个非常重要的问题就是如何为内部的细胞提供氧气和养料，因为细胞一旦得不到充足的营养就会死亡。

3D打印心脏的关键点

3D 打印心脏最关键的一步就是打印血管（包括动脉、静脉和毛细血管）。血管可以为细胞提供养分，并带走废物，这样细胞就可以持续生长、分裂，直到形成一颗完整的心脏。

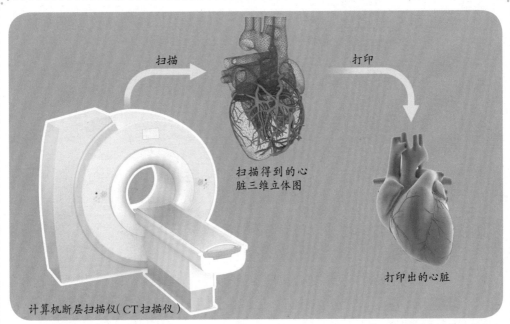

扫描

打印

扫描得到的心
脏三维立体图

打印出的心脏

计算机断层扫描仪（CT扫描仪）

3D 打印心脏的示意图。首先通过 CT 扫描仪得到心脏的三维立体图，计算机会自动将三维图像分解成许多层二维图像；然后打印机按照二维图像将细胞一层叠一层地堆叠打印，并用水凝胶来黏合、固定这些细胞；最终打印出一颗完整的心脏

3D打印毛细血管

澳大利亚悉尼大学和美国哈佛大学的研究团队已经打印出了毛细血管，这是重大的突破。他们先用细小的纤维构建出 3D 支架，接着把含有细胞的蛋白质材料铺在支架表面，待细胞完成生长、分裂，再把支架移走，这样就得到了毛细血管，完成这个过程只需要不到一周的时间。这种打印出的毛细血管已经具备了一定的血管功能。

3D打印的未来 ✕

虽然人造器官距离临床应用还有很长距离，但对于众多苦苦等待器官移植的患者来说，3D 打印带来了一线希望。目前，科学家已经能用 3D 打印制造出一些三维组织了，比如耳朵。阿塔拉博士的团队也在尝试制造肢体，不过目前再生医学所能做的是使用这些技术来修复肢体的某一部分。"3D 打印器官的最终目标是解决目前移植器官短缺的问题。我们用患者自己的细胞打印器官，这样不会造成移植后的排异，患者也就不需要吃任何抗排异的药物。"阿塔拉博士说。

从『CT』到『DNA 折纸术』——
身体透视的未来发展

Q1 如何发现身体的潜在问题？

Q2 MRI 是如何工作的？

Q3 还有哪些身体检查的技术？

一名高中田径运动员突然失去知觉昏了过去，但她马上又醒了过来，表示自己没什么大碍。她的父母非常担心：女儿的身体一定是哪里不正常了，怎样才能弄清原因呢？

全身扫描

Q1

透视诊所是一家向未出现明显生病迹象的人们提供全身扫描服务的公司。

得知 CT 扫描有可能弄清女儿为何突然昏倒，这对父母决定带女儿去试试，但女儿拒绝了，她将不愿意接受全身扫描的原因逐一列了出来：

第一，全身扫描并不适合没出现症状的人做；

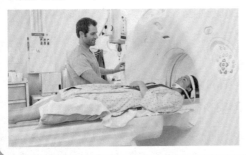

第二，身体扫描的结果并不总那么靠谱；

第三，由于要生成多个部位、许多层 X 射线照片，之后才能合成完整图像，这就意味着接受检测的人要遭受比较高剂量的辐射，而辐射会增大一个人患癌症的风险。

总而言之，是否要对身体进行长期或多次 X 射线或 CT 扫描，还是应该谨慎选择。女儿觉得自己可能就是身体出了点小状况，这样大动干戈地扫描并不必要，于是决定不进行全身扫描。

不过，父母依然很担心。

全身扫描的工作原理

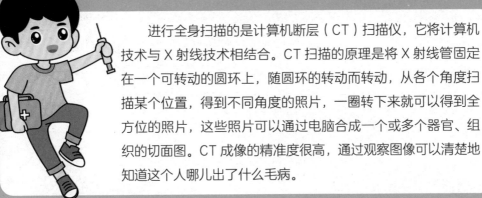

进行全身扫描的是计算机断层（CT）扫描仪，它将计算机技术与 X 射线技术相结合。CT 扫描的原理是将 X 射线管固定在一个可转动的圆环上，随圆环的转动而转动，从各个角度扫描某个位置，得到不同角度的照片，一圈转下来就可以得到全方位的照片，这些照片可以通过电脑合成一个或多个器官、组织的切面图。CT 成像的精准度很高，通过观察图像可以清楚地知道这个人哪儿出了什么毛病。

MRI 是如何工作的？

Q2

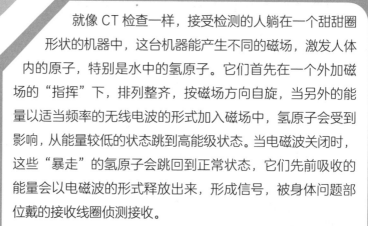

之后，夫妻俩又发现了一种叫作"全身弥散加权磁共振成像"的技术，这种技术不会让他们的女儿遭受辐射。更棒的是，一个叫作 Giant Strides 的医疗器械公司正在寻找愿意接受检测的志愿者，注意，是免费的！

工作原理

就像 CT 检查一样，接受检测的人躺在一个甜甜圈形状的机器中，这台机器能产生不同的磁场，激发人体内的原子，特别是水中的氢原子。它们首先在一个外加磁场的"指挥"下，排列整齐，按磁场方向自旋，当另外的能量以适当频率的无线电波的形式加入磁场中，氢原子会受到影响，从能量较低的状态跳到高能级状态。当电磁波关闭时，这些"暴走"的氢原子会跳回到正常状态，它们先前吸收的能量会以电磁波的形式释放出来，形成信号，被身体问题部位戴的接收线圈侦测接收。

由于我们身体各个组织的含水量不同，释放出的电磁波也不同，不同的信号强度将形成切面图像。人体含水量多的部分在图像中会显得很亮，而骨头和肿瘤等就会比较暗，因为它们的含水量少。

透视身体中的水

全身弥散加权磁共振成像是磁共振成像技术(MRI)的一种，MRI 利用强大的磁场和无线电波来探测人体内部。在人体的组成成分中，约 70% 是水，就连人体的骨骼中水的含量也占了将近 30%。MRI 就是通过检测人体水分子中的氢原子状态来观察人体器官的。

于是，这对父母又开始向女儿宣传，希望她能够去试一试。但是女儿再次拒绝了。她说，虽然她没有人工耳蜗等 MRI 禁忌的东西，但是这项技术的副作用还有待确认，更重要的是，她又没得癌症！她现在基本已经知道自己当时为什么昏倒了。

"照亮"身体内的水

这种 MRI 技术可以"照亮"身体内流动的水，并通过计算水流速度来定位肿瘤。肿瘤是非常"稠密"的，所以肿瘤内水的流动是很慢的，正是这种缓慢的水流让医生摸清了肿瘤所在的位置。相比 CT，MRI 对肿瘤更敏感。

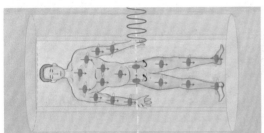 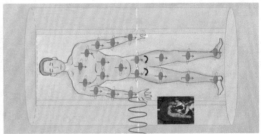

在外加磁场的"指挥"下，全身氢原子的自旋方向整齐排列。当某一层加入额外的无线电波时（左图中间），这一层氢原子方向发生偏转。当无线电波被撤销时，氢原子会回复到原来的自旋方向并释放电磁波（右图中间）。探测器接收到释放的电磁波，就能由此描绘出扫描的这一层的内部结构

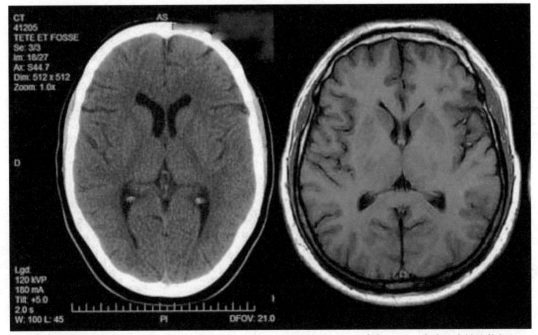

从计算机断层成像（CT，左图）与磁共振成像（MRI，右图）的比较可看出，MRI 能更好地描绘软组织

来点儿"纳米汁"吧

夫妻俩听说了一种与纳米科技有关的十分有前途的科学发明，名叫"纳米汁"，旨在用非常安全的方式对人体进行全身扫描。

正好，他们认识美国布法罗大学"纳米汁"研发团队中的一名研究员。

"纳米汁"用于探究人体内约 7 米长的弯弯曲曲的小肠。小肠位于胃与大肠之间，是食物消化吸收过程的主要场所，也是一些消化系统疾病的发病位置。

什么是"纳米汁"

所谓的"纳米汁"其实是一种"饮料"，它含有一种叫作"nanonap"的纳米粒子。Nanonap 包含一种特殊的染色分子，一个人喝下"纳米汁"，它们就被带到了小肠。

Nanonap

由于 nanonap 中的染色分子可以吸收大部分近红外光，研究员可以用光声成像技术（PAT），通过测量脉冲激光照射产生的压力波，重构出检测部位的图像。

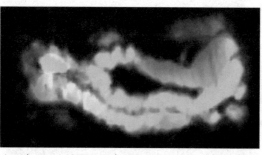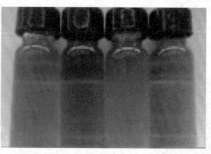

左：在"纳米汁"和光声成像技术共同作用下，小鼠的小肠被照亮了；右：患者可以像喝水一样喝下"纳米汁"（图片来源：Jonathan Lovell, University of Buffalo）

但到目前为止，这种"纳米汁"只在小白鼠的身上试验过，女儿说她可不是实验室里的小白鼠。

DNA 折纸术

那咱们试试 DNA 折纸术吧!这项技术将科学实验和中国传统折纸工艺有机结合起来。这对父母坚持要让女儿试试这项技术。

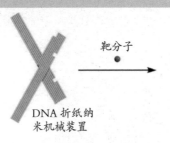

靶分子

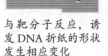

DNA 折纸纳米机械装置

与靶分子反应,诱发 DNA 折纸的形状发生相应变化

DNA 折纸与靶分子反应的示意图

纳米猎犬

DNA 折纸术的目标就是要建造一批"纳米猎犬",让它们发现人体出问题的位置,然后将这些信号回传给医务人员。这些"纳米猎犬"以 DNA 单链形式出现,可以折成剪刀、镊子等多种结构,一个剪刀臂长约 170 纳米,附着在不同的单分子目标上,成为分子传感器。

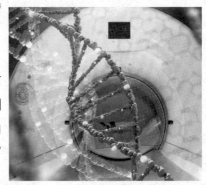

例如,一个 DNA 折纸"钳子"可能带有在体内寻找某种蛋白质或金属的指令。它找到目标时,就会立即合上"钳子",牢牢地将自己固定在目标上。又或者,当 DNA 折纸"拉链"接触到目标后,它便会按照指示关闭拉链。

信 号

DNA 折纸纳米机器人找到目标后,它们的形状就会随即发生变化,"钳子"会合上,"拉链"会关闭。这种形状上的变化会产生信号,信号可以通过原子力显微镜进行监测,随即产生图像,提醒医务人员已发现问题。

这对父母尤其想让女儿试试 DNA 折纸"剪刀",他们希望它能直接"剪掉"让女儿突然昏厥的病变组织。但这一次,女儿还是拒绝了。说到底,她需要的只是吃一点儿点心而已,如果她的父母早点儿听她解释就好了。

她当时突然晕倒的原因不过是饿了,其实就是血糖太低惹的祸!

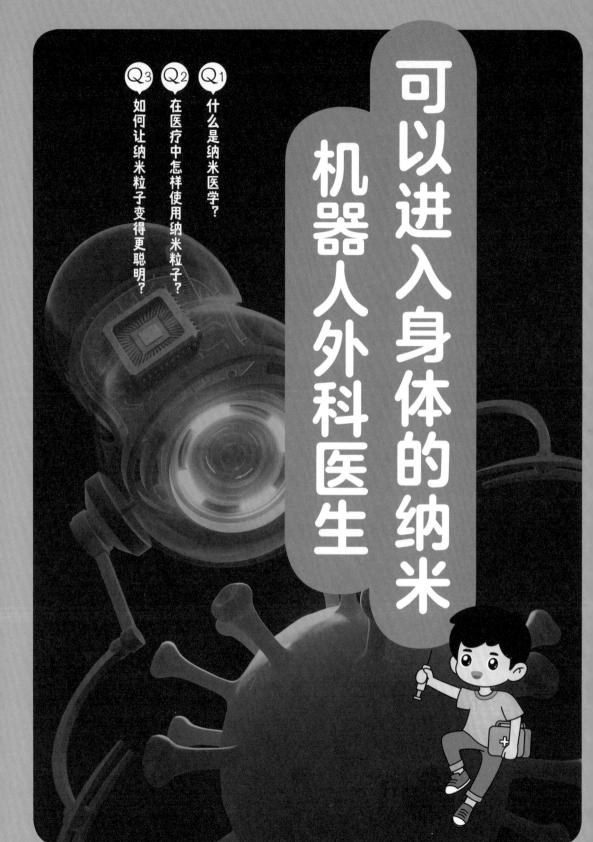

可以进入身体的纳米
机器人外科医生

Q1 什么是纳米医学？
Q2 在医疗中怎样使用纳米粒子？
Q3 如何让纳米粒子变得更聪明？

未来，让"外科医生"进入人体完成手术这样的假想在纳米时代将成为现实。

纳米技术

这一假想将由纳米技术实现。纳米技术就是在纳米尺度上展开的研究。通过对物质微观结构和属性的重新认识和开发，纳米科技又衍生出纳米电子学、纳米力学等，其中纳米医学是应用的热点。

纳米机器人

利用导管技术，纳米机器人可以进入一些常规方法难以到达的位置，比如大脑、小肠和尿道。因此，纳米机器人也被奉为治疗癌症的最佳武器。

超微型医疗队

在一个小小的茶匙上，挤着几十亿个纳米机器人（纳米粒子），只有在专业显微镜下才能看到它们。虽然极其微小，但是它们是一支配足药物的医疗部队。它们将被派往人体最纤弱的部位——血管、心脏和大脑，极其精准地递送药物、实施手术……

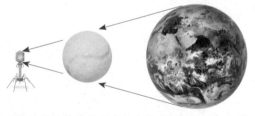

几个纳米的物体跟网球大小的比例，恰好相当于网球跟地球大小的比例。由此可以看出纳米是多么微小

纳米

1 纳米是十亿分之一米。一个分子中碳原子之间的距离为 0.12 ~ 0.15 纳米，一个双螺旋结构的 DNA 的直径大概是 2 纳米，最小的微生物支原体的长度约为 200 纳米。纳米科技的定义长度在 1 ~ 100 纳米。当物质结构微小化时，一些不同寻常的属性就展现出来了。

在医疗中怎样使用纳米粒子？

Q2

纳米粒子的工作方法很简单。"它们能在表面或者内部携带一种药物，药物能杀死癌细胞。"米歇尔·布拉德伯里说，她是纽约斯隆·凯特林癌症纪念中心放射科的副主治医师，"它们被注射到血管之后，会随着血液的流动移到癌细胞处，并在癌细胞内聚集，然后杀死癌细胞。而且，未来纳米粒子或许可以携带不止一种药物，并能直接瞄准癌细胞。"

纳米粒子之所以能有效治疗癌症，得益于它们的尺寸。

药物载体 ✕

纳米粒子的材料除了金属还有二氧化硅、碳或脂质体等。比如，超小型硅纳米粒子，尺寸和蛋白质分子差不多，是很理想的、无毒性的药物载体。它可以选择性地将一种或多种药物带入癌细胞。这些药物可能会附着在硅纳米粒子表面，也可能位于内部的孔洞里。当硅纳米粒子进入肿瘤组织后，它所携带的药物就会释放出来，杀死癌细胞。硅纳米粒子非常小，可以通过肾脏被排出体外。

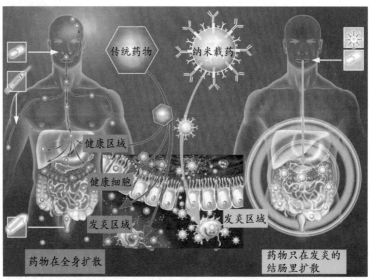

传统药物（左边）进入人体后，一般会遍布全身；而纳米粒子可以携带药物直达患处而不涉及身体的其他部位

脂质体

　　还有一种叫作脂质体的脂肪类纳米粒子已经进入临床试验。另外，还有多糖类纳米粒子，比如壳聚糖。美国安德森肿瘤中心的妇科学和癌症生物学教授阿尼尔·索德说："它们作为抗癌药物的运输工具是非常安全的，同时，也可以突破一些药物的使用限制。"

　　现在许多种纳米粒子已经在临床试验中用于治疗乳腺癌、皮肤癌、膀胱癌、前列腺癌及其他种类的癌症。"未来，我们希望能找到纳米粒子和抗癌药物的最佳组合来治疗所有癌症。"布拉德伯里博士补充道。

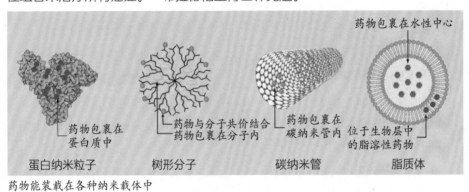

药物能装载在各种纳米载体中

天赋异禀的纳米

　　纳米粒子可以有不同的形状和尺寸，可以由不同类型的材料制成。由于具有特殊的物理及化学性质，贵金属很容易被塑造成完美的"运输工具"，用来将药物带到癌细胞处，并帮助医生判断出体内癌细胞的位置。

　　"不过，在实际应用中，我们会选择那些生物相容的或者可生物降解的纳米粒子，它们通常都不是金属的。"索德介绍道。

如何让纳米粒子变得更聪明？

Q3

确保纳米粒子更聪明

许多药物很难进入癌细胞，"但借助纳米粒子，药物很容易被癌细胞捕获，"索德说。许多种类的纳米粒子之所以能到达癌细胞，首先是因为肿瘤内的血管有一些"缝隙"。这意味着，通常情况下不能穿过血管内皮细胞的物质，借助纳米粒子可以轻易地穿过肿瘤内的血管。

其次，纳米粒子还能将自己附着在癌细胞上。

运送特殊蛋白质

一些纳米粒子能将特殊蛋白质运输到癌细胞里，这些特殊的蛋白质在细胞核里聚集，造成癌细胞死亡。研究者还将对光敏感的物质运输到肿瘤里，这些物质能发射红外线，肿瘤里的血管因此会更容易被穿透，这也会帮助载药纳米粒子进入肿瘤。

特殊纳米粒子 ✕

未来，我们可以将一种特殊的纳米粒子（NBTXR3）注入肿瘤，再用X光轰击纳米粒子产生电子来消灭癌细胞。通过使用这些纳米粒子，科学家希望提高放疗的效果，同时不伤害周围的健康组织。

纳米粒子如何进入癌细胞 ✕

由于癌细胞的表面比正常细胞的表面特殊，科学家在纳米粒子表面装饰了一些可以识别这些特殊位点的抗体，因此癌细胞很容易被纳米粒子瞄准，而且纳米粒子只会进入癌细胞。

隐患

　　尽管这些研究看上去充满希望，但还有许多问题需要解决。"最大的问题在于，纳米粒子携带的药物，对正常的组织细胞来说可能是有毒的，"布拉德伯里博士说，"而且如果纳米粒子尺寸较大，它们需要很长的时间才能被人体代谢掉，这可能会引发严重的中毒反应。纳米粒子还有可能陷入组织细胞中无法排出身体。"

对人体的损害

　　纳米粒子对人体的损害程度取决于它的种类。"比如，带有强正电荷的纳米粒子会对人体肺部或肾脏造成损害，诱发免疫系统某些部分的不良激活，例如补体，"索德说，"不受控制的补体激活会损害体内的健康细胞。另外，由于这些纳米粒子带电荷，在它们进入细胞后，还有可能导致炎症等副作用。"

　　"医生应该首先选择使用最小剂量的药物来治疗肿瘤，如果有必要，再慢慢增加剂量，"布拉德伯里博士建议道，"任何纳米粒子在用于人体之前，都需要先用动物进行试验研究。"

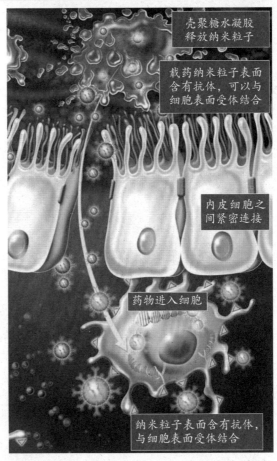

壳聚糖水凝胶释放纳米粒子

载药纳米粒子表面含有抗体，可以与细胞表面受体结合

内皮细胞之间紧密连接

药物进入细胞

纳米粒子表面含有抗体，与细胞表面受体结合

壳聚糖水凝胶释放纳米载药粒子，纳米粒子附着在细胞表面受体并将药物注入细胞

纳米技术的医学设想

Q1 如何使用纳米机器人？

Q2 纳米技术还有哪些应用？

如何使用纳米机器人？

Q1

小记者唐安雅对美国加州理工学院材料科学家茱莉亚·格里尔进行了一次采访。茱莉亚是纳米技术的权威，纳米医学是纳米技术应用的一个重要方面，安雅对此有很多感触，于是写下这篇文章。该文章已经这位科学家审核。

最近，我采访了纳米技术领域的专家茱莉亚·格里尔，了解了很多有关纳米技术的知识。和她的访谈让我大开眼界。

除了从这次专访中汲取营养，我还对这个课题做了一些深入研究。

现在，我将试着为你们——和我（11岁）差不多大的同龄人，讲述纳米技术在医学方面的影响。

纳米机器人外科医生

美国伊利诺伊大学的研究还证实，可以用凝胶纳米粒子将药物送至受损的脑组织。纳米技术在医疗领域的另一构想是纳米机器人外科医生。患者吞下纳米机器人外科医生后，它能进入体内切除功能异常的心瓣膜。

纳米机器人 ☒

如今，医学界的热门话题之一便是将超小的纳米机器人直接放入人体进行治疗。事实上，美国辛辛那提大学已经在这个领域取得了一些重大突破。时东陆教授的科研团队发现，光热疗法对癌症有很好的治疗效果，因为以氧化铁为主要成分的纳米粒子可以在癌细胞内部聚集热能，从而摧毁癌细胞。

纳米技术还有哪些应用?

Q2

人造骨骼

纳米技术还可以帮助人造骨骼生长。专访时,茱莉亚教授谈到他们一直致力于"创造一些让骨细胞能够在上面繁殖、生长,并最终形成骨组织的3D纳米支架"。

如何让骨骼进入身体呢?方法之一是向体内特定部位注射一种可生物降解的水凝胶。水凝胶90%以上由水构成,极易被人体吸收,它有着和天然组织一样的灵活性。它变硬后,就可以把需要固定的地方固定住。这个构想如果真的实现了,就能用来治疗不那么严重的创伤,例如骨折。

想象一下:你正兴高采烈地做着自己最喜欢的运动,突然间,"咔嚓"一声,你狠狠地摔倒了!然后你被告知手肘处的骨头折了!以现在的医疗技术,医生会打开你的手臂,将里面摔碎的骨片和碎屑取出来重新拼在一起,再塞回你的手臂。想想就疼!而且你的手臂上肯定会留下一道难看的疤痕。但有了纳米技术疼痛和疤痕都不会出现了。

关于茱莉亚·格里尔和唐安雅

茱莉亚·格里尔主要研究纳米科技,她研发的纳米材料有望用于未来的太空探索。她在接受安雅访问时提到,她的一个团队正在研究人工骨的生长,如果这一设想能够实现,未来就可以把这种骨植入患者体内,骨会自行生长。是不是很酷?

唐安雅是个超能读书的小孩,天生喜欢人文科学,酷爱借阅文学、历史、传记类的书。她在以每星期十几本的速度读书,连老师也在为她的阅读出谋划策,建议她多读些非小说类书。她现在看科学书也看得津津有味呢。

纳米针管

纳米技术改进医学治疗手段的另一杰作是针管。某些疾病，如糖尿病，患者需要每天注射药物，有时一天可能需要注射四次之多！想象一下注射时的疼痛以及密密麻麻的针孔吧！假如我们能够造出比皮肤毛孔还细的针，注射时患者就不会觉得痛了。

更多想象

利用纳米粒子还能提早诊断传染性疾病，这是纳米技术对医学领域的又一重要贡献。纳米粒子会通过血管游走，附着在任何有感染迹象的分子上。这样一来，医务人员便可以很容易地诊断出患者患有何种传染性疾病了。

说到这儿，你已经了解了许多有关纳米医学的知识，然而，这只是它众多神奇用途的一小部分。正如我在文章开头所说的，纳米技术在未来的应用前景广阔。有了纳米技术，医学领域的进步将不可估量！可以毫不夸张地说，纳米医学就是医学的未来！

为什么某些纳米复合材料可以成为人造骨骼

某些纳米复合材料非常适合人造骨骼的生长，因为它们不会危害人体健康，可以生长为身体的一部分，而且还能保持自身结构的完整性和稳定性。

「大数据」下的精准医疗

Q1 未来医学变革的方向是什么？

Q2 「大数据」的特点是什么？

Q3 科技公司如何预测流感？

Q4 未来将如何看病？

2011 年，在美国斯坦福大学附属儿童医院发生了一件看起来不起眼的事，但是这件事让我们看到了未来医疗中"大数据"的力量。

未来医学变革的方向是什么？

Q1

红斑狼疮

医院收治了一名病危女孩，这个女孩患有系统性红斑狼疮。让医生最为担忧和犹豫的是：该疾病不仅会引起肾衰竭，还会有出现血栓的危险；但是，如果注射阻凝剂，又可能会造成内脏出血。

计算机数据库

幸运的是，该医院的詹妮弗·弗兰科维奇医生建有一个计算机数据库，里面存储了大量红斑狼疮患者的数据，包括患者的各种体检报告、血栓现象的概率以及治疗方案，甚至有治疗后十几年的病历资料。这些资料完全数字化、电子化，几秒钟内就可以调取出来。弗兰科维奇医生对这些病例数据进行了分析，确定了为患者注射阻凝剂的方案。

新思路和新技术

在这个医学案例中，出现了一些以前的医学实践没有的新思路和新技术。例如：

★数字化、电子化的医疗记录和健康记录；

★类似病历的专家数据库；

★对患者的个性化治疗，同病不同治；

★充分利用互联网的强大功能，实现"互联网＋医疗"。

医学变革

未来，这些技术将引发医学翻天覆地的变革，这场变革最显著的特点就是"大数据"：大量的健康和医疗数据存储在共享的互联网数据库中，医生甚至患者可以通过对这些数据的查询和分析，得到自己想要的答案。

"大数据"的特点是什么？

Q2

功能性磁共振的每幅影像包含 5 万像素。

基因数据是非常庞大的存在，一个人一次全面的基因测序，产生的数据量可达 300GB。

更多人的医疗数据意味着更庞大的信息存储量。

"大"

据统计，从 20 世纪 80 年代开始，每过 40 个月，世界上储存的人均科技信息量就会翻倍。

2012 年，每天有 2.5EB 的数据产生。

2014 年，每天有 2.3ZB 的数据产生。

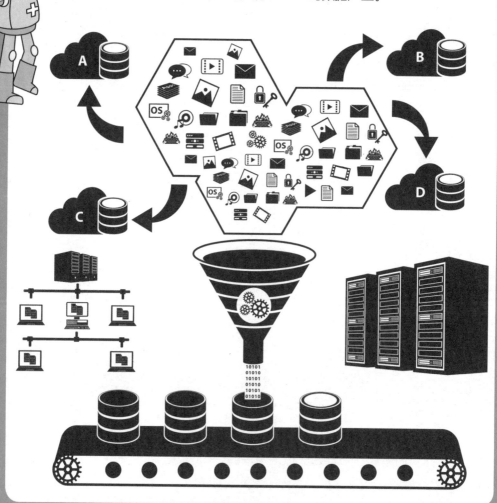

"杂"

　　"大数据"的来源纷繁复杂，存储格式千式百样。有的来自手表，有的来自马桶，有的来自实验室；有的来自你常去的医院，有的来自你旅游时看急诊的外地医院；有的来自手机软件，有的来自医院的专用系统。"大数据"是个时髦的字眼，也是个难干的活儿，光处理这些格式繁杂的数据就是一个大挑战。

"快"

　　这个快，反映在数据的产生及变更的频率上。各种健身、健康可穿戴设备的出现，使得血压、心率、体重、血糖、心电图等的实时监测变为现实，信息的获取和分析的速度已经从原来的按"天"计算，发展到了按"小时""秒"计算。

ZB 是一个什么概念

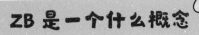

$$1ZB=1024EB$$
$$=1024 \times 1024PB$$
$$=1024 \times 1024 \times 1024TB$$
$$=1024 \times 1024 \times 1024 \times 1024GB$$

　　1ZB 大致等于 10 亿台硬盘容量为 1TB 的电脑的容量。

　　有报告显示，2011 年美国的医疗健康系统数据存储量达到了 150EB。"Kaiser Permanente"是一个在美国加州发展起来的医疗健康网络系统，有 900 万名会员，在 2013 年拥有 26.5 ~ 44PB 的电子健康记录。照目前的增长速度，ZB 量级会很快达到。

GB 是一个什么概念

　　现在电脑硬盘的容量都以 GB 或者 TB 为单位了。1GB 的容量可以储存约 5.4 亿个汉字，或者将近 200 张数码相机拍摄的高清照片，或者 200 多首长度为 5 ~ 6 分钟的 MP3 歌曲。

科技公司如何预测流感？

Q3

2009 年 2 月，一家科技公司的研究人员在《自然》杂志发表了一篇论文，准确预测了季节性流感的暴发，在医疗保健界引起了轰动。

分析算法

科技公司开发了分析算法，利用科技公司的超级计算机资源进行分析计算，对 2003 ~ 2008 年的 5000 万个最常搜索的词条进行"大数据操练"，发现某些搜索词条的地理位置与美国疾病预防和控制中心的数据相关。通过汇总用户与"流感"的相关搜索记录，这家公司预测出世界上不同地区的流感传播情况。

流感预测

2009 年，甲型 H1N1 流感暴发前的几周，"科技公司流感趋势"成功地预测了流感在美国境内的传播，其分析结果甚至具体到特定的地区和州，并且非常及时。这神一样的预测令公共卫生官员备感震惊，因为以往，美国疾病预防和控制中心要在流感暴发一两周之后才可以做到这些。

这家科技公司在医疗界打响了名头，虽然之后的预测并不完全正确，但基于"大数据"的流感趋势预测这一新兴的技术已开始进入人们的视野。

医疗健康项目

这家科技公司还公布了一个名为 Baseline 的医疗健康项目，用"大数据"来预防癌症。

为了完成这一项目，科技公司将匿名收集 175 人的基因和分子信息，之后还会再收集数千人的相关数据。收集的数据涉及尿液、血液、唾液和眼泪等体液情况，还包括参与者的整个基因组、父母的遗传史信息以及他们如何代谢食物、营养和药物，在压力之下他们的心跳速率等信息。

收集到这些数据后，科技公司将利用强大的计算能力来寻找这些信息中隐藏的"生物标志"，从而帮助医疗研究人员提前发现疾病。如果研究成功，这将是"神中之神"的预测了。

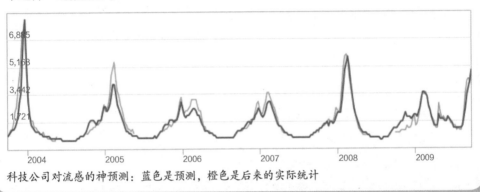

科技公司对流感的神预测：蓝色是预测，橙色是后来的实际统计

科技公司跨界医疗

作为一家搜索引擎公司，这家科技公司记录了互联网用户的一举一动：什么时候访问了哪个网站、搜索了什么关键词。这家科技公司认为，搜索流感信息的人数与实际病患人数之间存在密切关联。比如，流感暴发时，"头疼""感冒"等关键词成为当地用户热门的搜索词条。人们搜索这些词条，或许是因为感到不舒服，也因为听到别人打喷嚏，或许是阅读了相关的新闻后感到焦虑，或许可能没有任何理由。但是，这家科技公司不着眼于探究这种因果关系，而是从相关性的角度出发，预测一个持续发展的大方向。

未来将如何看病？

"量体裁衣"的精准医疗

判断一个人患了什么病并不像预测感冒那样简单。同样的药物对某些人有效，对另一些人却无效，这样的情况不少，特别是对一些疑难杂症。

出现问题的原因

这是因为疾病的病因不同，加上患者的基因、家族病史、身体生理状况等各不相同。

解决问题的方法

解决这个问题的方法，就是"量体裁衣"。

在医学上，这种考虑个体基因、环境和生活方式等差异来促进健康和治疗疾病的新兴方法，称为个性化医疗或精准医疗。

精准医疗

精准医疗要用到"大数据"，先对大量的个体进行基因组测序，以建立一个庞大的医学数据信息库，然后研究人员分析、对比不同个体的基因信息，进一步了解各种疾病的共同原因和特殊（个体）原因，从而研发出针对特定患者、特定致病突变基因的药物，制订相应的治疗方案。

有了精准医疗，药物用量就不是"小孩1片、成人2片"了，医生可以根据患者基因和新陈代谢速度开药方，服药剂量可精确到毫克。

一生的健康交给"云端"

如今，大部分医疗相关数据是以纸质的形式存在的，而非电子数据化存储。

整理查询病历是护士一天中最烦琐的工作之一。万一不幸发生火灾，这些对于患者来说十分珍贵的资料就很有可能会毁于一旦。

走出这个困境的办法，是将这些医疗资料数字化、电子化。

电子健康档案

美国的医疗体制改革计划中的一个重点，是建立可以共享的电子健康档案。

健康云

在电子健康记录中，存有患者的生理信息、验血验尿的实验报告、家庭病史、医院就诊记录、服用药物记录等，这些信息被上传到被称为"健康云"的网络数据库中。无论何时何地，医生都可以通过电脑和互联网在几秒钟内访问数据库，不仅可以准确地获知急诊患者的信息，采取正确有效的治疗方法，而且还能对患者的健康进行监控，采取预防措施。

医学诊断的改变

随着传感技术、纳米技术等科技的发展，人类对人体的信息感知已经打破了空间的限制和时间的限制。医学诊断正在演化为全人、全程的信息跟踪、判断和预测。

美国很多业界人士预测，在"大数据""云端"趋势下，下一代人的平均寿命可以达到100岁。

"健康云"网络数据库的概念图

"大数据"时代的
电子化医疗示意图

健康的全息穿戴

Q1 什么设备可以随时检测人体？

Q2 还有哪些新型传感器？

Q3 全民健康信息有什么作用？

Q4 可穿戴式传感器有哪些？

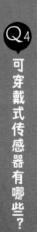

你注意过参加竞走、慢跑和骑行运动的人吗？他们有的胸前缠着带子，有的手腕上戴着手环，这些颜色鲜艳的带子和手环仅仅是装饰吗？当然不是，它们其实是一些可穿戴的传感器，可以从人体获取信息，这些信息可以直接反映人体的健康状况。关键时候，它们能挽救生命。

普通传感器

最普通的传感器能监测你的运动量和心率。你可能很少注意心率，但是这个指标对运动员和有心血管疾病的人来说非常重要。运动员在训练时需要清楚自己的心率，这样可以了解自己身体的极限。如果一个人想要改善自己的心血管功能，他也应该追踪自己的心率变化，因为它是评估健康的一项重要指标。

新型传感器

在创新的前沿，可穿戴的传感器正在被植入一些不同寻常的设备中。比如，当前的研究已经将可穿戴式传感器植入智能隐形眼镜中。目前，不少糖尿病患者正利用植入了可穿戴式传感器的隐形眼镜持续监测自身的血糖水平。或许有一天我们也可以利用类似技术对其他疾病（如肾病等）加以监控。

发出信号——个人传感器

传感器可以算是电子医疗网中的基础设施之一，它们可以无线穿戴或者贴在身体上来监测人体信息，包括在医院中使用的传感器，还有一些日常生活中可穿戴的设备，比如具有监测功能的手表、手环、腕带等。

运动者在胸前和手腕上佩戴心率监测器

还有哪些新型传感器？

Q2

可粘贴的"文身"

　　糖尿病患者每天必须多次查看自己的血糖水平。血糖是指血液中的葡萄糖，传统的血糖测定需要从患者手指上取血。如果血糖水平太高，患者就需要注射胰岛素，直到血液中的葡萄糖含量降下来。这种老式的血糖监测方法很不方便，而且十分费时，更重要的是，患者会感到痛苦。

　　为使血糖监测更人性化，研究人员正在试着把传感器植入一种可粘贴的"文身"中，它可以直接监测血液中的葡萄糖浓度。这种"文身"的皮肤接触面有一对小电极，它们产生的电流将葡萄糖逼至皮肤表面，并与"文身"中预先存入的一种酶发生反应，这样就可以计算出被测者的血糖水平了。

老式血糖测试

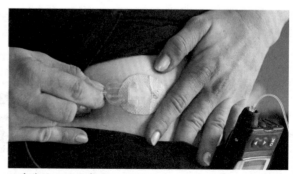

可穿戴的血糖传感器

智能隐形眼镜

　　一种很有前景的血糖监测神器是隐形眼镜，它被植入了一种传感器。

　　这种特制的隐形眼镜不会直接检测血液中的葡萄糖。人的泪水中含有葡萄糖，那么我们就来监测眼泪吧。戴智能隐形眼镜，被测者便可轻而易举地监测自身眼泪中的葡萄糖水平了。

可消化的传感器

"该吃药了。"这句话你隔多久会听到一次？如今，研发人员正在这个毫不起眼的环节上进行深入研究。

一种新型的可消化传感器应运而生。这种仅有一粒沙那么大的可消化传感器被植入一粒胶囊或一片药片中。当胃液在传感器周围流动时，传感器中含有的小剂量的金属——比如镁和铜——会与胃酸接触，传感器被激活，产生信号，将体内的信息传出去。

这时，你肯定关心身体内的传感器最终去哪儿了。由于传感器本身是用可食用材料制成的，它把信息传完以后，就会被消化掉。

植入一粒胶囊中的可消化传感器

传出数据

现在，个人传感器收集到你的健康数据，你已经意识到拥有这些数据只是第一步，因为智能隐形眼镜、吞到肚子里的传感器等并不能直接告诉你这些数据。

传输数据是接下来要做的事情。

前面提到的智能隐形眼镜拥有天线，它有很重要的用途。智能隐形眼镜上有一个小孔，传感器可以通过小孔检测眼泪，读取葡萄糖水平，然后，数据由天线传到智能手机上。

这种无线射频识别技术能够以无线的方式传输电子信号，供附近接收器接收。吞到肚子里的传感器也有办法把数据传出来。患者吞下药时，还需要在身体上贴上一个类似创可贴的东西，它可以接收传感器发出的信号，记录下药物进入胃中那段时间胃部的状况、体内的温度，还能够记录心率、身体活动水平和休息情况。然后，它能把这些数据通过蓝牙传到智能手机的应用程序中。患者随即可以把数据分享给医生或其他的人。

全民健康信息有什么作用？

Q3

"云"中见

在数据传输到手机等设备后，它就会继续向上层传送。

个人健康数据

电子医疗的关键在于"云"理念。个人健康数据乃至全民健康信息都被存储在各个大学、医学基地及政府机构的中央数据库中。你可以随时访问这些数据库，获取信息。同时，这些信息也在医院和医生们的办公室之间自由穿梭。计算机服务器因能够接收并存储海量数据而成为中央节点，健康数据在一朵朵虚拟的"云"中，变成了一种共享信息。

当数据到达医疗保健专家手里，电子医疗各环节间的联系将会急速扩展，且这一扩展将在瞬间发生，几乎没有延迟。

家庭层面

在家庭层面上，子女能够监测千里之外的年迈的父母的健康状况。他们可以利用"云技术"确定父母是否遵医嘱按时服了药，还能监测父母是否对所服药物产生了不良反应。此外，他们还可以利用这项技术查看医生要求做的身体检查的结果，向身处异地的医务工作者提出更多与健康相关的问题。

全球层面

在全球层面上，电子医疗能将从个人传感器、医生办公室、城市医院、乡村诊所乃至世界各地获得的海量数据传输到一个集中的"云数据库"中，这项功能为人类创造了独一无二的医学研究机会。

世界各地的研究人员都能对这种电子医疗保健领域的"大数据"进行分析挖掘。他们能够借此寻找药物相互作用（包括对人体有益及有害的相互作用）的根源、长寿的秘诀，还能借此深入研究由基因引起的疾病。

可穿戴式传感器有哪些？

Q4

智能健康扫描仪

手持式传感器，放在前额上10秒就能检测体温、血氧含量、心率、呼吸频率以及血压等健康参数并将数据传至手机App

意念控制器扫描仪

使用"爪子"样的检测电极感应大脑产生的脑电波，从而感知人的感觉、情绪和思想

智能内衣

可以在第一时间检测出乳腺癌，并向穿戴者发出危险信号

哮喘吸入器

连接有传感器，可以感应吸入剂量，并记录吸入的时间和地点

可携带洗手液分发器

洗手时将手部卫生状况实时传到手机App，自动生成监测报告，追踪个人手部卫生状况

创可贴式心电图记录仪

佩戴于胸前，记录每一次心跳，可以连续佩戴14天，用于监测心律

智能振动闹钟

配有睡眠监测仪，它可以读取身体参数，追踪睡眠周期，在合适的时间叫醒用户

腕带式血压监测仪

能监测体重和脉搏血氧量，实时传送数据至手机App

设备类型

使用者

无线功能

获得途径

市场上购买　正在研发中

健身　慢性病管理　早期检测　持续监测　监督　身体复健

用途

穿戴式健康监测仪

监测心电图、呼吸阻抗、脉搏血氧量及体温等，并通过手机将数据传至服务器，以便医护人员及时发现疾病

头部冲击监测器

带有传感器的无边帽给了用户额外的一双眼睛，可以监测体育运动对身体的影响

赫利奥斯（Helius）健康监测仪

可穿戴的感器配合可以吞进肚子的传感器，检测人体的消化情况和生理数据，并将数据传至手机，作为医护人员复查和分析的参考

无创型血糖监测仪

持续监测人体血糖含量，内置式传感器每隔几分钟检测一次该贴片周围体液的血糖值，并将信息传至阅读器

位置监测仪

追踪患者的位置移动，并能存储 28 天的数据

无线生命体征监测仪

如手机大小的传感器，贴在患者的手腕上，患者的数据直接保存至医院里的电子健康档案里

MC10 传感器

像文身一样与皮肤完美贴合，可以实时监测身体的水分含量，并与手机 App 无线连接，提醒用户什么时候喝水以及喝多少水

快速康复传感器鞋垫

硅胶鞋垫中的内置传感器，可以监测用户的步伐，截肢者可以用它纠正使用假肢时会带来的两脚不平衡。该系统也能用手机追踪数据

智能设备入住家庭

监测健康

Q1 哪些智能设备可以监测健康？

Q2 未来的电子医疗服务什么样？

Q1

智能镜子

　　站在洗手间，你看着镜子，镜子也在看你。它可以告诉你，你是不是世界上最健康的人。

　　摄像头可以捕捉到你的外貌、体征变化，这对容易患心血管疾病的人来说太有用了，在洗手间照镜子时就可以很方便地了解到自己的身体状况。

智能牙刷

　　你的牙刷也在努力工作。首先，它会发出警告，提示使用者该刷牙了、刷牙时间不够，或者刷牙方法不正确、该刷的地方没有刷到。不仅如此，智能牙刷上还有生物传感器，帮你测量体温、分析口气和唾液，然后把信息传送到智能手机的 App 中，或者直接显示在你面前的镜子上。假如监测到的指标不正常，智能设备便会发出警报，提醒你进行进一步检测。

智能镜子的工作原理

　　美国麻省理工学院研发了一个系统，系统中的摄像头可以捕捉皮肤因血液流动而产生的亮度变化。血流量越大，被血液吸收的光线越多，人的皮肤表面反射的光线就越少。通过计算机计算，你的脉搏、血氧水平、血压等数据就可以显示在镜子上。

智能马桶

　　有一种家用的智能马桶，它每天可以采集个人的20多种健康数据，检测尿酸、尿糖、潜血、pH 值、蛋白质、维生素，以及水分、脂肪等情况，还具有验孕等功能，人体排出的大小便也会被分流至一个小盒中进行常规检测，包括观察其中有没有血迹和检测细菌或者病毒值是否正常。上厕所这段时间就可以轻松做体检了！智能马桶不仅数据精准全面，同时有利于慢性病筛查、亚健康预查。想想你再也不用拿着小盒子在医院里奔波收集尿液送检，是不是可以长舒一口气了？

　　同样，智能马桶所得的信息会被传输到相应的智能设备上并被记录下来。如果监测到异常情况，智能设备同样会发出警报。

　　从电子医疗服务的发展速度看，到 2040 年，下面的两种情况可能会变成现实。

用"老方法"索药

　　一种情形是用"老方法"索药。智能设备会根据接收到的诊断结果向附近的药房（假设那时候药房还存在）索取所需药物。药房接到订单后会将药配好，然后通过一架无人驾驶的空运设备将配好的药送到病患家中。

"网上诊断医师"

　　还有一种情形是"网上诊断医师"会自动配好病患的对症药方。药方的配置是基于患者的身高、体重、性别以及过去服用相同或类似药品时的药效等信息。配好药后，"网上诊断医师"会将药方回传给患者，患者智能房屋配备的电子医疗保健用 3D 打印机收到药方后，随即打印出所需药物，之后，患者就可以足不出户，以最快时间服药了。

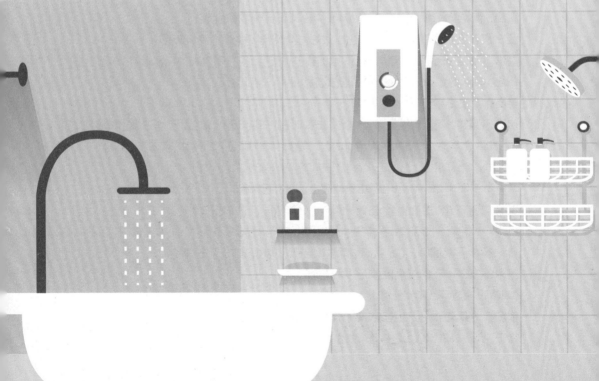

编辑策划成员

祝伟中（美），小多总策划，跨学科学者，国际资深媒体人

阮健，小多执行主编，英国教育学硕士，科技媒体人，资深童书策划编辑

吕亚洲，"少年时"专题编辑，高分子材料科学学士

周帅，"少年时"专题编辑，生物医学工程博士，瑞士苏黎世大学空间生物技术研究室学者

张卉，"少年时"专题编辑，德国经济工程硕士，清华大学工、文双学士

秦捷（比），小多全球组稿编辑，比利时鲁汶天主教大学 MBA，跨文化学者

李萌，"少年时"美术编辑，绘画专业学士

方玉（德），德国不伦瑞克市"小老虎中文学校"创始人，获奖小说作者

主要创作团队成员

拜伦·巴顿，美国生物学博士，大学教授，科普作者

凯西安·科娃斯基，资深作者和记者，哈佛大学法学博士

陈喆，清华大学生物学硕士

克里斯·福雷斯特，美国中学教师，资深科普作者

丹·里施，美国知名童书和儿童杂志作者，资深科普作家

段煦，博物学者和科普作家，南极和北极综合科学考察探险家

让－皮埃尔·佩蒂特，物理学博士，法国国家科学研究中心高级研究员

基尔·达高斯迪尼，物理学博士，欧洲核子研究组织粒子物理和高能物理前研究员

谷之，医学博士，美国知名基因实验室领头人

韩晶晶，北京大学天体物理学硕士

哈里·莱文，美国肯塔基大学教授，分子及细胞研究专家，知名少儿科普杂志撰稿人

海上云，工学博士，计算机网络研究者，美国 10 多项专利发明家，资深科普作者

杰奎琳·希瓦尔德，美国获奖童书作者，教育传媒专家

季思聪，美国教育学硕士和图书馆学硕士，著名翻译家

贾晶，曾任花旗银行金融计量分析师，"少年时"经济专栏作者

凯特·弗格森，美国健康杂志主编，知名儿童科学杂志撰稿人

肯·福特·鲍威尔，孟加拉国际学校老师，英国童书及杂志作者

奥克塔维雅·凯德，新西兰知名科普作者

彭发蒙，美国无线电专业博士

雷切尔·莎瓦雅，新西兰获奖童书作者、诗人

徐宁，旅美经济学硕士，科普读物作者